JN450224

알고보면 쓸모있는 공간 스토리

장은지 펴냄

Eun Ji Jang(JANE)
pinkjane0110@gmail.com

PhD. Interior & VMD -
Hansung University

MA Interior &Spatial Design-
University of the Arts London,Chelsea College of Art & Design
Interior &Spatial Design

BA Interior &Spatial Design-
University of the Arts London,Chelsea College of Art & Design
Interior &Spatial Design

EPISODE 1

1 **GENTLE MONSTER**

ART 그리고 PRODUCT

2 **TAMBURINS**

캔버스 위의 도형들

3 **Dr.Jart**

가로수길 옐로 펭귄이 나타났다.

EPISODE 2

4 **VIVIENNE WESTWOOD**

5 **TOM DIXON / HONG KONG , LONDON**

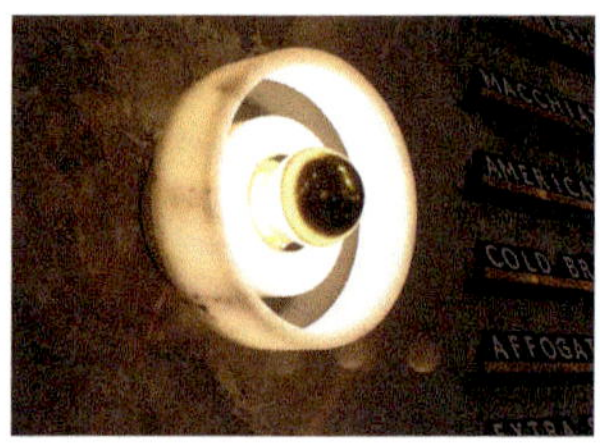

5 **MILLER HARRIS/ LONDON**

EPISODE 3

6 **TERAROSA_강릉**

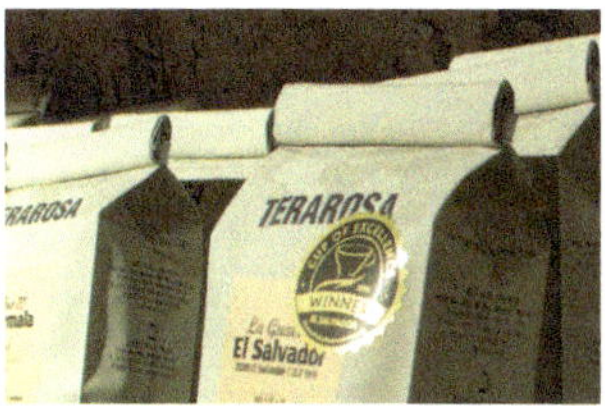

7 **연남방앗간**

8 **agnès b. Café**

EPISODE 4

9 **GET ALL RIGHT_청담**

10 **베토벤하우스**

11 **슈발츠발트**

EPISODE 5

12 사이트노트클럽

13 SKETCH London

EPISODE 6

14 MOLO

15 Archidreamer

한 브랜드가 탄생하기 전까지 다양한 팀이 협업 작업을 수십 차례 거친다고 합니다.
매장 안에서 제품이 계획성 있게 시각화하기 위해 매장이 오픈되는 날까지 매장을 방문하는 모든 분들의 손이 닿는 부분부터 그렇지 않은 부분까지 꼼꼼하고 세심하게 신경 쓰고 있는 디자이너가 바로 "VMD"라고 생각합니다.사실 비주얼 머천다이징(Visual Merchadising)이라 하면 제품의 판매 촉진을 위한 진열 매뉴얼이라 정의하고 있습니다. 하지만 최근, 라이프스타일의 변화와 소비패턴이 달라지면서 "물건을 구매한다"라는 일반적인 개념에서 "그곳에 가볼까?"라는 쇼핑의 생각이 변화하면서 더 이상 필요에 의한 소비 형태가 아닌 라이프스타일의 변화를 위한 소비패턴으로 전향하고 있습니다.
구매의 목적이 있어서 매장을 방문하는 것이 아니라 흔히 말하는 "인사이더"가 되기 위해서 최신 유행하는 공간에 내가 먼저 찾아가 보고 방문한 흔적을 SNS에 남기며 트렌드에 앞서가는 사람으로 등극하기도 합니다. 이러한 소비 패턴과 라이프스타일의 변화에 맞춰 매장이 더 이상 판매 위주의 공간에 미치는 것이 아니라 브랜드가 만든 공간에 숨겨진 다양한 콘텐츠들을 체험해보고 그 경험의 조각들을 퍼즐처럼 맞춰 가기 위해 재방문의 재방문으로 이어집니다. 더 나아가 때로는 브랜드가 선보이는 새로운 형태의 제품 진열 방식(IP: Item presentation)과 스토리텔링(VP: Visual Presentation)이 우리들을 매장으로 찾아가게 만드는 공간으로 등극한다고 해도 과언이 아니겠습니다.
몇몇 브랜드 중 브랜드의 이미지 이상의 스토리를 담고 공간을 방문해 마치 잡지에서 볼 수 있는 화보 컷을 연출, "인생 샷" 하나쯤은 남겨본 경험이 있을 것이라 생각합니다. 최근 주목받고 있는 브랜드인 "Stretch Angels"나 "Gentle Monster"와 같은 공간은 제품 구매 목적 외에 공간의 숨은 콘텐츠 퍼즐이 있는데, 저도 그 퍼즐 조각을 찾기 위해, '오늘은 무엇이 있을까?' 하는 설렘을 가지고 방문했던 기억이 납니다.

"여러분이 찾은 퍼즐은 무엇인가요?"

덧붙여 VMD의 꽃은 팝업스토어가 아닐까요? 브랜드의 이미지를 가져가면서 매 시즌마다 선보여줄 가장 핫한 신제품을 선보이는 최초의 공간인데요, 광고 속에서는 스토리를 영상으로 전개한다면 팝업스토어는 공간으로 그 이미지의 이야기를 선보이는 공간이라고 생각합니다.
한국에서도 최근 5년 사이 다양한 브랜드에서 팝업스토어를 선보였습니다.
올해만 해도 "샤넬 함부르크 컬렉션", "샤넬 코스메틱 팝업스토어", "티파니앤코 페이퍼 플라워 팝업스토어" 그 외에도 많은 브랜드들이 신제품이 나오기 전 사전 홍보를 위해 새로운 방법들로 고객들을 유치하고 있습니다. 누구나 특별해지고 싶은 생각은 마음 한켠에 담고 살고 있다고 생각합니다. 파티 문화가 활발하게 이루어지고 있지 않지만 종종 열리는 팝업스토어나 패션쇼에 초대될 때는 제가 마치 "누구"가 되는 것처럼 설레는 것 같습니다. 팝업스토어에 들어설 때 마주하는, 기존 매장에서는 볼 수 없었던 브랜드의 또 다른 이미지를 느낄 수 있었고 공간 곳곳에서 연출된 다양한 로고 플레이들 그리고 브랜드의 대표 이미지를 보여주는 컬러들이 가득한 공간은 기존 판매 매장에서 볼 수 없었던 브랜드의 아이덴티티를 만들어 가는 것이라 생각합니다.

이처럼 제품이 매장에 선보이기까지 VMD(Visual Merchandiser)의
손길이 닿는 영역과 역할은 숍 플로어(Shop Floor: 판매 공간을 아우르는 말)를 구성하는
공간계획(인테리어, 제품 진열 동선, 고객이동 동선, 디스플레이 공간),
홍보 및 이벤트성 공간 기획(팝업스토어(Pop-up Store)), 패션, 뷰티, 라이프스타일 등
다양한 카테고리를 아우르며 판매가 이루어지는 모든 공간을 만드는 "공간적 Visual 화" 즉 Spatial Creator라고 생각합니다.
단편의 칼럼으로 펴내기에는 VMD의 영역은 시대의 트렌드와 라이프스타일의 변화만큼이나 시시각각 변하고 있고
활동 영역의 범주가 넓다는 판단으로 한 카테고리에 국한되지 않고 변화의 흐름에 맞게 펴내려고 합니다.
어쩌면 VMD라는 영역이 각 분야별로 Manual 되어 있어 유사한 제품 카테고리들의 나열로 단조로운
이야기 전개 할 수 있지만 그렇게 Manual 되어 있는 분야들을 공간이라는 큰 범주로 생각하여 공간에서 풀어낸 이야기들을
NON-MANUAL 시각으로 담아보려고 합니다.
NON- MANUAL은 펴내는 ISSUE마다 저희만의 테마를 만들어 누구나 흔히 찾아볼 수 있는
이야기의 나열에서 미치는 것이 아닌 태초에 공간이 의도한 이야기를 전달하고
거기에 NON-MANUAL 생각을 더하려고 합니다. 나아가 공간의 이야기를 읽어주는
Spatial Reader로서 공간을 기획한 VMD의 의도와 브랜드의 생각을 전달하고자 합니다.

"첫 번째 이야기를 시작합니다!"
판매 그 이상의 공간을 보여주고 있는 브랜드들을 담아보았습니다.
구매의 목적 이상으로 그 브랜드의 뮤즈가 되어보고 싶은 사람의 마음을
자극하는 매력적인 브랜드의 브랜드파워가 돋보이는 브랜드에 주목해 보았습니다.
NON-MANUAL의 시각으로 주관적이지만 새로운 공간 스토리를 시작합니다.

EPISODE 1

GENTLE MONSTER

TAMBURINS

Dr. Jart

Tom Dixon

GRAPEFRUITS
OAKMOSS
LABDANUM
952
citrus, watery

GENTLE MONSTER

ART 그리고 PRODUCT

지난해, 'THE ROCKET'이라는 콘셉트로 한 남자의 이야기가 'GENTLE MONSTER' 홍대 플래그십 스토어에 전시되었다. 전시는 이른 봄 시작되어 계절에 따라 다른 모습을 보여주었고 이제 그 마지막 계절인 겨울을 보여주고 있다. 과연 커다란 행성 안에 있는 저 남자는 어떤 사연을 가지고 있을까? 젊음이 넘치는 홍대 거리를 걷다 보면 익숙한 브랜드가 눈에 들어온다. 'GENTLE MONSTER' 이제는 누구나 알고 있는 아이웨어(Eyewear) 전문 브랜드이다. 하지만 아이웨어 브랜드로 단정 짓고 그냥 지나칠 수 없는 1층 쇼룸이 우리의 발걸음을 멈추게 한다.

예쁜 공간에 놓은 제품은 예뻐 보인다

내부에 들어가면 제품보다는 쇼룸의 분위기에 먼저 눈이 간다.

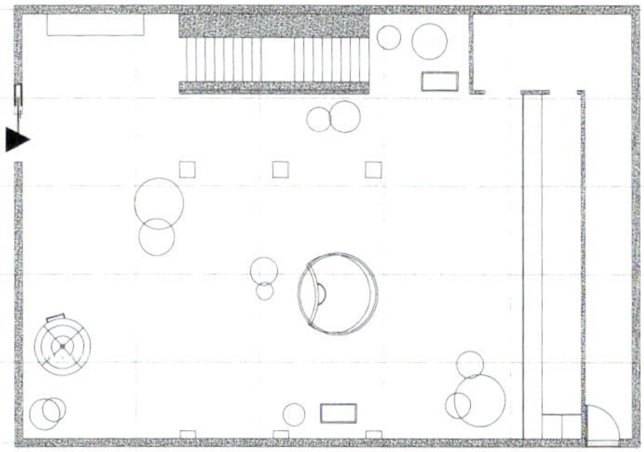

"예쁜 공간에 놓은 제품은 예뻐 보인다"라는 철학으로 '독특하지만 계속 보고싶은 매력을 가진 공간에 놓인 하나하나의 제품은 가치 있어 보인다.' 라고 생각하는 젠틀몬스터만의 무기로 우리에게 다가오고 있다. 공간 내부는 젠틀몬스터의 이름처럼 젠틀한 느낌을 받을 수 있었는데, 문득 '깔끔함'이라는 단어가 떠올랐다. 내부에 있는 크고 작은 오브제들은 언뜻 보면 무심한 듯 놓여있어 보이지만 멀리서 본다면 정리되어 있는 것처럼 보인다. 1층의 오브제들은 할아버지가 앉아있는 곳을 기준으로 우주의 지면을 표현 한 듯한 모래들과 산호초들이 고객 동선을 생각하여 위치가 정해져 있다. 3층에는 로켓 내부의 모습과 로켓의 외부 모습을 볼 수 있다. 마지막으로 2층의 원주민의 형상을 한 오브제들도 러그 모양을 따라 정렬되어 있었다. 완전한 불규칙보다는 규칙속의 불규칙으로 우리에게 조금 더 세련된 인상을 남겨주고 있다.

젠틀몬스터의 제품들은 타 아이웨어 제품들과는 달리 독특한 제품들이 많다. '예측 불가능함'을 추구하는 브랜드로써 제품, 공간, 비주얼, 마케팅 등 모든 분야해서 예측 불가능함을 추구하는 것이 특징이며 작은 아이웨어 제품에서도 최대한의 멋짐을 표현하고 있음을 보여준다.

상품 진열은 쇼룸을 둘러보다 보면 자연스럽게 볼 수 있게 되어 있다. 전체적인 매장의 분위기는 빈티지한(Vintage) 노출 콘크리트지만 전시가 되어있는 부분은 깔끔하고 고급스러운 우드와 화이트의 스톤 마감으로 되어있다.

전체적인 조명은 전시관에서 볼 수 있는 레일 조명으로 되어있어 젠틀몬스터의 기획의도처럼 전시장 느낌을 연출하는데 도움을 주고 있고 사이사이 스포트라이트(Spotlight)들은 제품을 비추어 전시를 보는 듯한 효과를 낸다.

전체적인 매장 내부의 마감을 노출 콘크리트 건축의 골조가 슬쩍 슬쩍 보이는 빈티지하고 인더스트리얼(Industrial)한 느낌을 주었다. 일반적인 아이웨어의 매장의 깔끔하고 정돈된 분위기와는 다르게 캐쥬얼(Casual)하고 아트적인

느낌의 공간으로 차별화했다. 조명 또한 화사하고 조도가 높은 조명을 사용했더라면 노출 천정의 튀어나와있는 철물의 흔적들이 마감의 퀄리티를 떨어트렸겠지만 조도를 낮추고 전시장에서 보던 레일 조명의 레일들과 어우러져 의도된 자연스러움과 인더스트리얼한 느낌을 강조하였다.

다소 거칠고 러프한(Rough)공간은 자연스럽고 꾸미지 않은 날 것 그대로의 공간을 표현해 고객들이 공간과 친근감을 형성하고 전시를 보는 듯 자연스럽게 제품을 감상할 수 있도록 했다.

젠틀몬스터 홍대점의 3층에 있는 로켓의 재료들을 전시한 공간이다. 우리가 흔히 볼 수 있는 콘크리트 벽돌을 이용하여 오브제들의 받침대로 이용하였고 위로 로켓의 재료들을 표현해낸 오브제들과 장갑 등이 있다. 단순한 재료들을 나열해 놓은 것이 아니라 Gray와 Blue의 조합으로 로켓의 재료를 만드는 실험실의 분위기를 주었고 한쪽에는 로켓의 도면이 있는데 이것은 매장을 방문한 고객들에게 다시 한 번 스토리를 전달하고 있다.

GENTLE MONSTER

1층에서 3층으로

젠틀몬스터는 3층으로 이루어져 있는데 1층에서 3층으로 이동한 후 2층을 통해 다시 1층으로 내려오도록 계획 되어있다. 1층에서 3층까지 이어지는 거대한 로켓을 본 뒤 올라가다 보면 우리는 2층이 아니라 3층에 도착해 있다. 이는 매장의 내부를 모두 둘러볼 수 있도록 하고 젊은 사람들이 빠르게 소비하는 홍대의 특성에 맞춰 호기심을 느끼고 이야기를 이해할 수 있도록 공간을 구성하였다고 한다. 층수가 높으면 끝까지 가보지 않고 중간에서 다시 내려오는 경우가 많은 사람들의 생각을 반대로 생각해 동선을 구획한 젠틀몬스터의 작은 전략은 공간의 또 다른 매력으로 우리에게 다가왔다. 공간 속에서 '열망'은 1층의 환상적이며 동화 같은 모습이고, '맹목'은 3층에서 한계를 벗어난 결과로서 압도적이고 집요하게 묘사했다.

이러한 과정에서 생긴 '갈등'은 2층에서 개인의 열망 앞에 해학적이고 위협적이지 않은 모습으로 묘사했다.

GENTLE MONSTER

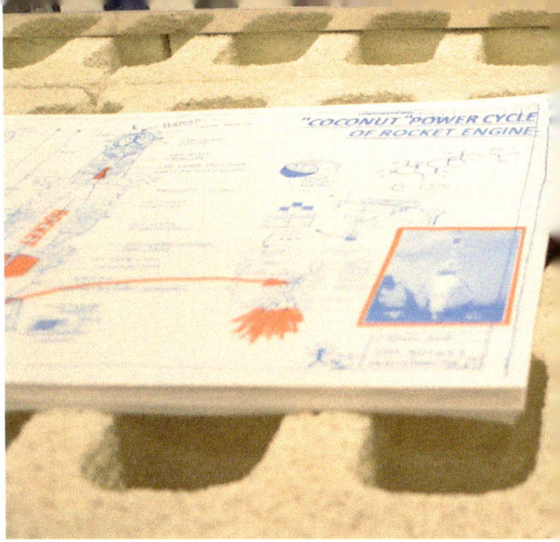
"COCONUT" POWER CYCLE
OF ROCKET ENGINE

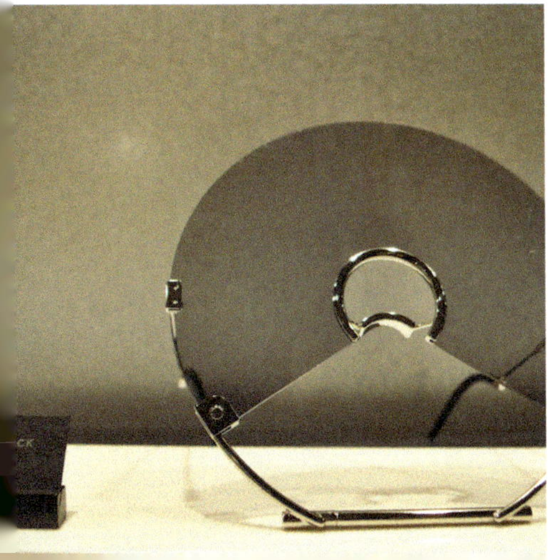
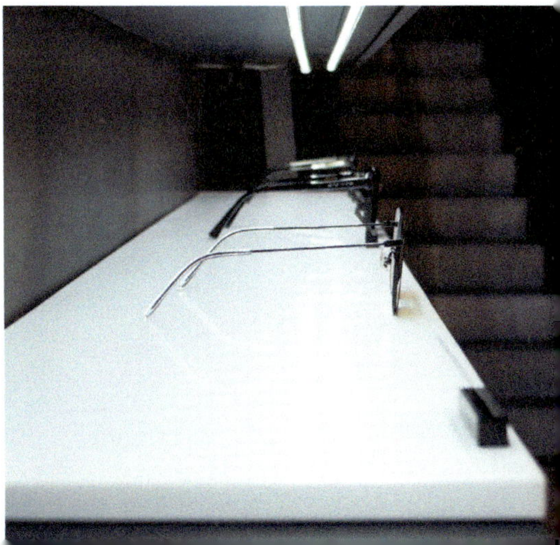

HE+STORY = HISTORY

홍대 젠틀몬스터 플래그십 스토어는 어느 한 인간의 '열망', '맹목', '갈등'의 이야기를 전달하고 있다. 이야기는 자신과 애완견이 행복한 나날을 보내던 중 반려견을 먼저 떠나보낼 수밖에 없었다는 이야기로 시작을 한다. 그 후 노인이 될 때까지 그리움을 간직한 채 살아가던 중 꿈속에서 우주 어딘가의 행성을 뛰노는 자신의 애완견을 보게 되고 꿈에서 깨어난 그는 '그리움은 다시 만나야 한다'는 목표를 세우고, 어딘지 모를 행성으로 가기 위한 로켓을 만들기로 결심한다.매장을 따라 3층으로 올라가면 로켓의 상부가 보이고 이것을 제작하기 위한 과정과 실험들을 볼 수 있다. 사용된 제작서, 장갑 등 가지각색의 오브제가 우리의 눈길을 훔친다. 로켓이 코코넛 열매의 추출물을 연료로 이용하여 작동하는 로켓이란 점에서 신비스러움을 연출해낸다. 2층에서는 로켓의 원료로 사용된 대량의 코코넛 때문에 화가 난 마을 주민들의 모습을 볼 수 있으며 1층으로 다시 내려오면 다시 보게 되는 노인과 반려견의 모습은 젠틀몬스터의 이번 리뉴얼 프로젝트의 이야기 하이라이트인 둘의 재회를 표현하였다.

이 이야기와 젠틀몬스터의 제품과 무슨 연관성이 있을까 생각을 해 보았다.

아이웨어 전문인 젠틀몬스터는 '예측 불가능함'을 추구한다. 공간부터 제품까지 작은 오브제 하나까지도 고객들이 예측할 수 없는 이야기와 아이템으로 우리를 재미있고 매력적으로 느끼게 한다. 흔한 것을 흔하지 않게, 이런 생각이 들었다. 애완견을 키우는 것은 흔하게 생각할 수 있다.하지만 애완견이 죽고 난 후 그리움을 찾아 우주로 가겠다는 마음을 먹는다는 이야기 자체는 흔하지 않다. 또, 로켓을 타고 우주를 간다는 것은 일반적인 생각이다. 하지만 그 로켓의 원료가 코코넛 원료를 사용해 움직인다는 것은 일반적이지 않다. 이처럼 일상적에서 일어 날 수 있는 이야기를 익살스럽게 표현 되었다. 이처럼 젠틀몬스터는 안경을 전문적으로 판매하는 브랜드이다. 이 흔한 안경을 흔하지 않은 안경으로 디자인해 판매하고 있는 젠틀몬스터, 이야기 속에는 보이지 않는 또 다른 이야기가 숨겨져 있지는 않을까?

앞서가는 브랜드, 젠틀몬스터

젠틀몬스터는 상품 외적으로도 영상, 음악도 함께 제작되고 있다. 2019 콜라보레이션을 발표한 사례에서 세계적인 아티스트인 칸예 웨스트와 퍼렐 윌리암스 등 다양한 뮤지션들과 음악 발표를 앞두고 있으며 음악과 영상에 대한 영감은 공간과 비슷하게 다양한 영역에서 영감을 받아 교류를 통해 주제를 선정한다. 이번 '13' 컬렉션의 주제는 젠틀몬스터의 2019년도 컬렉션의 주제이며 그 주제를 기반으로 음악이 출시될 예정이라고 밝혔다.

젠틀몬스터의 매장은 평균적으로 6개월-1년에 한 번씩은 공간을 새롭게 구성하려 노력한다. 지금까지도 홍대 플래그십 스토어뿐 만 아니라 전국각지, 세계 여러 곳의 매장에서 리뉴얼이 되어왔고 내년 1월에 오픈 예정인 대만 타이베이 플래그십 스토어가 있으며, 내년 4월에는 중동지역에 처음으로 두바이 플래그십 스토어가 오픈할 예정이라 한다. 또한 홍콩 침사추이 쪽에 홍콩에서의 두 번째 스토어를 오픈 계획이 있으며 파리에도 큰 스토어를 오픈할 계획이 있다고 한다.

아이웨어계의 새로운 생각, 젠틀몬스터

[젠틀몬스터 브랜딩팀 정혜영]

EXHIBITION PROJECT

젠틀몬스터의 Quantum Project는 광범위한 예술가 및 브랜드와 협력을 통해 25일마다 재설계 되는 빠른 공간을 만들어 상업 공간의 새로운 발전을 제시한다.

Daydream Oasis

뜨거운 여름날 우리가 가진 꿈을 생각해보자. 수영장 쪽으로 도망가는 꿈, 멋진 어딘가의 꿈. 이 꿈은 Gentle Monster의33 번째 Quantum Project "Daydream Oasis"에서 실현된다.

Flying Jam

Quantum Project # 34는 "Flying Jam"이라는 실험 베이커리를 선보인다. 이 팝 아트 베이커리에서는 보라색 블루베리 잼이 주요 역할을 한다. 기하학적 가구와 패턴 화 된 아세테이트 바닥은 또한 설치 공간을 장식하고 방문자가 탐험할 때 베이커리 바에서 토스트 빵을 즐길 수 있다.

The Birthday In August

젠틀몬스터 (Gentle Monster)의 35 번째 프로젝트 인"Birthday Cake"는 회상의 순간을 표현하는 스토리 기반의 전시회입니다. 표시된 공간에는 다채로운 케이크가 채워진 빨간색 냉장고를 사용하여 어린이의 생일을 묘사한다.

Final symphony

Gentle Monster의 36 번째 전시는 Quantum Project 시리즈를 마무리합니다. 2014 년에 시작하여 29 개월 이상에 걸쳐 퀀텀 프로젝트는 변화가 예상을 초과하는 공간과 경험을 제공할 수 있었다.
"마지막 교향곡"은 운동, 소리, 조명, 연주 및 색상의 요소를 특징으로 하는 마지막 만남을 표시합니다. 젠틀몬스터의 야망은 양자 프로젝트로 끝나지 않습니다.

이외에도 많은 프로젝트들이 진행되어 왔었고 앞으로도 진행될 프로젝트들을 생각해보면 젠틀몬스터의 추진력과 능력은 감탄하기에 충분하다.로 끝나지 않습니다.

GRAPEFRUITS
OAKMOSS
LABDANUM
952
mossy, citrus, watery

TAMBERINS

캔버스 위의 도형들

가로수길을 따라 걷다 보면 새하얀 캔버스를 연상케 하는 건물 안에서 태양빛이 흘러나오는 것을 볼 수 있다. 캔버스 위에는 곡선의 아름다움과 도형의 아름다움의 조화를 볼 수 있는 회화적인 파사드(Facede)를 지나게 된다.

트랜드의 거리 가로수길에는 판매전략, 세일 관련 홍보, 입간판 배너들이 먼저 보이는 스토어들이 많지만 탬버린즈는 파사드(Facade)부터 "전시장인가?", "팝업스토어인가?", "갤러리인가?" 하며 사람들의 이목을 집중시키는 동시에 궁금증을 유발하고 있었다. 이런 파사드(Facede) 또한 하나의 브랜드 마케팅 전략이 아닐까 싶다. 그럼 이제 그 궁금증을 해결하러 강렬한 태양빛이 나오는 캔버스 안으로 들어서 보았다.

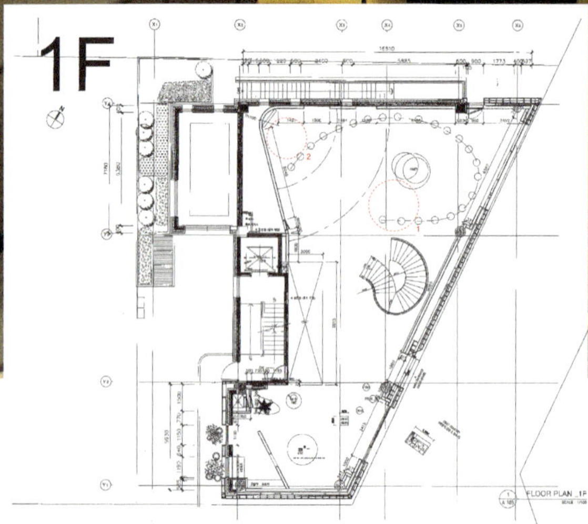
1F
FLOOR PLAN _1F

판매, 그 이상의 공간

2017년 9월 26일, 신사동 가로수길에 탬버린즈 플래그십 스토어를 오픈했다.
탬버린즈는 '젠틀몬스터'의 또 다른 브랜드로
"Be coming Different"의 개념을 바탕으로 다름을 추구한다고 했다.
소비자의 유쾌함과 즐거움을 목적으로 연출을 하였고
기억에 오래 남을 수 있는 브랜드가 되고자 했다.
많이 보아야 기억에 남고 기억에 남아야 재방문의 효과를 얻을 수 있다고
생각하고, 구매 목적 외에도 오래 머물 수 있는 편안한 공간을 만들어냈다.

탬버린즈의 내부는 여러 오브제들의 조화로움으로 공간을 완성한다.

멀리서 볼 때에는 전시의 형태로 보이지만 발걸음을 가까이한다면 탬버린즈의 제품이 보인다. 전시되어 있는 자유로운 제품 배치는 탬버린즈만의 스타일이 돋보인다. 전시되어 있는 미술품들(Objet) 사이사이 일반적인 진열방법에서 벗어난 새로운 형태의 진열을 보여주며, 마치 매장이라는 생각보다 갤러리에 온 듯 한 느낌을 준다.

TAMBURINS

그녀가 사는 공간, 최고의 LADIES'S ROOM

매장에 들어서면 좌측에 눈길을 끄는 공간이 있다.
멀리서 본다면 도자기의 형태를 한 오브제들이 불규칙적으로 나열되어 있다. 화이트톤 오브제들과 우드의 조화는 깔끔한 느낌을 주지만 불규칙적인 배치와 곡선의 조화로 깔끔함과는 다른, 대조적인 미를 주는 듯하다. 이 전시를 가까이서 본다면 탬버린즈의 제품들이 곳곳에 놓여있다. 멀리서 봤을 때 '저긴 뭐지?'라는 생각과 동시에 발걸음을 가까이 다가가면 탬버린즈의 제품을 볼 수 있다. 멀리서 보면 전시되어 있는 오브제처럼 보이지만, 가까이에서 보는 탬버린즈의 제품은 진열되어 있으며 거리에 따른 시선의 차이가 대조적인 미를 보여주고 있다.

상업공간이지만 머무르는 사람으로 하여 상품을 감상하도록
연출한 공간의 역할이 서로 대조되어 대비되는 아름다움을 느낄 수 있다.

매장의 공간 한 부분 부분에 생각이 담긴
탬버린즈의 메인 공간은 어디일까?

탬버린즈의 신나정 브랜드 매니저는 1층에 있는 광원을 형상화한 조명이 있는 공간과 가상의 여자가 사는 공간이라 생각하여 여자들이 꿈꾸는 2층의 화장실을 매장의 메인 공간이라 하였다.

먼저 1층의 메인 공간을 보기 위해 발걸음을 옮긴다면 무심한 듯 놓여 있는 크고 작은 오브제들을 매장의 중심부에서 볼 수 있다. 도자기, 석고상, 지푸라기 등
언뜻 보기엔 제품들과 전혀 연관성이 없는 오브제들의 조화가 의아했다. 이 오브제들은 현대 사회에서 쉽게 보기는 어려운 오브제들이었다. 고객들이 매장을 방문했을 때 이런 오브제들을 보면서 궁금함을 가질 때쯤이면 향수의 향이 그런 궁금증을 해결해 줄 것이다. 오브제에는 향수의 제품명과 제품번호가 쓰인 작은 광목천이 덮여 있다. 바로 그 향을 오브제 자체에 입힌 것이다.
오브제에 대한 궁금증을 가지고 다가온다면 자신도 모르게 탬버린즈의 향에 녹아들고, 그런 궁금증은 사라져 버릴 것이다. 이는 이미 탬버린즈의 생각에 동화되어버린 자신일지도 모른다. 그리고 나면 외부로 흘러나오는따스한 조명이 나오는 곳이 보일 것이다. 그곳이 바로 말한 1층의 메인 공간이다.
탬버린즈 매장의 메인은 조명이라고 해도 과언이 아닐 만큼 태양빛의 조도로 내부를 환하게 비춘다. 탬버린즈의 따뜻한 감성이 식물과 의자, 오브제 등으로 표현되어 있는 공간은 가만히 넋을 놓고 바라보게 만든다. 전시를 보러 온 것인지 물건을 사러 온 것인지 그런 생각은 잊어버린 채 잠시 생각을 비워내고 따뜻한 마음만이 맴도는 자신을 발견해 보자.
2층에는 탬버린즈 시그니처 공간인 파우더룸과 화장실이 있다. 두 공간에서 보이는 탬버린즈만의 조명 톤과 파스텔 톤의 컬러는 여성들의 취향을 충분히 저격했다. 고객들의 눈길 끄는 액자와 잡지, 식물 등의 오브제와 함께 표현해 누구나 가지고 싶어 하는 화장실을 연출했다.
여성이 꿈꾸는 고급스러운 분위기의 화장실을 세심하게 신경을 쓴 흔적이 보였다. 전체적으로 보면 탬버린즈의 제품인 핸드크림을 강조하기 위해 사용하기 전까지의 과정을 공간에 나타낸 것 같은 생각이 든다. 예쁜 화장실에 들어가 자신의 모습을 보며 손을 씻은 뒤, 핸드크림을 바르기까지의 행동들을 세심하게 고려하여 제품을 한 번 더 강조해주고 템버린즈만의 스타일로 풀어낸 이 공간을 더욱 의미 있게 만들었다.

오감만족, 탬버린즈의 향기

탬버린즈의 매장 안에 들어서면 메인 제품인 고체 향수의 향이 매장 안에 은은하게 퍼져 있는데 이는 우리를 반갑게 맞이한다. 따스한 광원의 조명과 탬버린즈만의 향이 만난 조화는 시각적 아름다움뿐만 아니라 오감을 만족시키기에 충분했다. 탬버린즈는 색다른 방법으로 향을 전달하기 위해 오브제 자체에 향을 묻혀 시향 할 수 있는 방법을 고안해 냈다고 한다. 다각형들의 조화와 따뜻한 톤의 배색이 만나, 그 아래의 손 모양 오브제가 탬버린즈의 고체 향수를 들고 있는 연출에서 한 번 더 탬버린즈의 섬세함을 보여준다.

탬버린즈의 메인 제품인 고체 향수의 체인은 뚜껑을 잃어버리지 않기 위해 고안된 디자인이라 생각하였는데 사실 일반 제품보다 불편 하다고 한다. 하지만 그 체인은 탬버린즈만의 섬세함을 보여주는 것이다. 제품을 쓰다 보면 어느새 익숙해져 편하게 제품을 사용하고 있는 자신을 볼 때 탬버린즈의 섬세함이 자신에게 묻어버린 것이다. 이것은 손에 익어 무의식적으로 하게 되는 행동보다는 행동하기 전에 한 번 더 생각하게해 '아 탬버린즈의 제품이네'라는 생각을 하게끔 만드는 탬버린즈만의 전략적인 브랜드 마케팅이 아닌가 하는 생각이 든다.

이러한 아름다움을 가진 탬버린즈는 현재는 개방되지 않은 3층의 공간에 새로운 제품을 출시하여 탬버린즈만의 이야기를 조금 더 구체화하여 발전시킬 예정이라 하였다. 전시 공간에 가까워 보이는 탬버린즈, 새로운 공간이 리뉴얼 된다면 누구보다 먼저 다시 가볼 만한 매력이 있는 곳이다. 탬버린즈의 제품들과 함께 어우러진 다채로운 컬러 톤과 공간의 톤 앤 매너(Tone and Manner)를 맞추며 그 사이에서 미술품인 듯 공간과 어우러져 하나의 전시관 혹은 갤러리에 온 듯한 분위기를 연출한다.

CASSIS
BULGARIAN ROSE
GRAPEFRUITS
324

BERGAMOT
SANDALWOOD
PATCHOULI
000

PINENEEDLE
PINKPEPPER
GALBANUM
241

탬버린즈 매장 안에 들어가면 가장 먼저 보이는 곳이다.
Wood와 Black 컬러를 이용하여 white 컬러의 오브제들을 받쳐주고 있다.
뒤에선 탬버린즈의 메인 조명인 태양빛 조도의 빛이 은은하게 흘러나오고 있다.
전시 같은 느낌이 드는 이곳은 가까이 본다면 탬버린즈의 제품들과 White의 자기 오브제들이 마치
하나의 오브제처럼 동화되어 자태를 뽐내고 있다.
궁금증을 유발하여 가까이 오게 된다면 자연스럽게 제품을 볼 수 있게 된다

탬버린즈의 제품들과 함께 어우러진 다채로운 색상과 탬버린즈만의 오브제,
여러가지 도형과 곡선의 아름다움으로 표현해낸 전시를 보는듯한 판매공간, 탬버린즈.

[탬버린즈 브랜딩팀 마케팅팀 신나정]

Dr. Jart

가로수길 옐로 펭귄이 나타났다.

매번 소비자들이 원하는 니즈를 파악하며 브랜드만의 새로운 공간을 선보이는 Dr. Jart는 이번에 PLAY CERA 캠페인을 펭귄과 함께 공간에서 보여준다. PLAY CERA는 세라마이딘 크림으로 촉촉해진 노란 세라 펭귄들이 주인공이 된 전시라고 한다. 극한 건조 환경을 극복해 나가는 세라 펭귄들의 위트 있는 이야기들이 공간 곳곳에 담겨 있으며, 공간에서 펭귄들과 함께 보고 즐길 수 있는 오브제들이 녹여져 있다. 특히 이번 필터 스페이스 공간에는 총 100마리의 펭귄이 자리하고 있으며, 소비자들에게 소소한 재미를 더해준다.

Yellow, 색상을 공간에 풀어내다.

Dr. Jart 매장 전체적인 분위기는 산뜻하고 밝은 옐로 컬러로 스킨케어 LAB을 연상 시킨다.

왜 노란색일까?

전시되어 있는 펭귄 오브제 또한 우리가 일반적으로 알고 있는 블랙과 화이트가 섞인 펭귄이 아닌 노란색 옷을 입고 있다. 노란색 옷을 입고 있는 펭귄들은 상큼한 매력을 주면서도 우리들에게 '왜?'라는 질문을 던지게 만든다.
옐로 컬러는 사실은 과학적이고 기능적인 느낌을 주면서도 Dr. Jart의 상품인 세라마이딘 크림이 새롭게 리뉴얼 되면서 크림의 제형 색상을 모티브(Motive)로 가시화함으로써 진행되었다고 한다.

또한, 제품에 대한 이야기를 공간에 자연스럽게 풀어내기 위한 '분위기'에 초점을 맞추어 제품에 대한 이미지가 어색하지 않게 각인될 수 있도록 하였다고 한다. 우리가 느끼기에는 옐로가 과학적이고 기능적인 느낌이라는 말에 '그런가?' 의문을 가지면서도 공간을 통해 느껴지는 Dr. Jart의 옐로 LAB 콘셉트는 우리에게 그 의미를 납득시킨다.

Cerami

공간에서의 오브제들이 말하다.

1층 전시공간은 극한 기후 환경을 5겹 세라마이딘 보습으로 이겨내는 노란 펭귄 스토리들이 담겨있다. 가지각색의 펭귄의 모습들이 담긴 팝 아트 느낌의 액자와 거울 액자는 마치 미술관에 온 듯한 느낌을 주며, 필터 스페이스 중앙에 위치한 실험실은 Dr. Jart의 옐로 펭귄들이 피부를 연구하는 공간으로 탄생했다.

왜 실험실일까?

거의 대부분의 화장품 브랜드들은 실험실 분위기의 공간을 많이 표현한다. Dr. Jart 또한 과학적이면서 기능적인 실험실을 보여주고 있는데, 그들이 이렇게 독보적으로 주목받을 수 있었던 이유는 무엇일까? 어쩌면 실험실의 공간 + 알파인 펭귄들의 비유적인 요소가 아니었을까 생각해본다.

보통 실험실을 떠올리면 딱딱하고 차가운 분위기를 주로 연상시키는데, Dr. Jart는 따뜻함과 발랄함으로 실험실 분위기를 반전시켰다. 또한 많은 오브제들이 그 발랄한 분위기를 한층 더 업 시켜준다. 1층에 위치한 5마리의 펭귄 오브제 들에는 점차 옐로 컬러가 차오르는데, “세라마이딘을 사용하고 보습이 꽉 찬 진정한 피부 미인으로 거듭나보세요 옐로 펭귄처럼요”라고 말하고 있는 듯 하다.

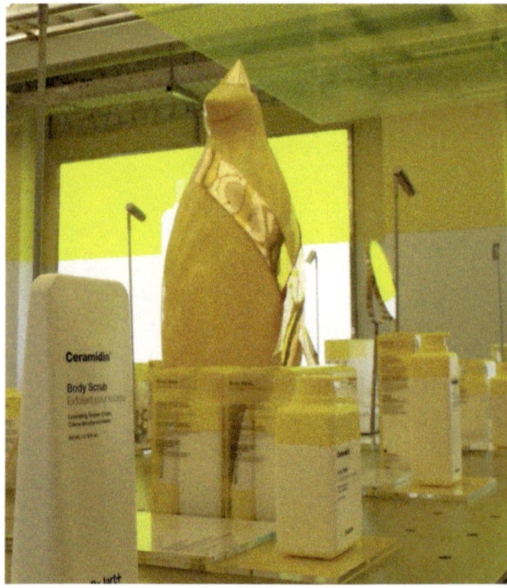

제품과 어우러지는 오브제

2층으로 올라가게 되면 본격적으로 Dr. Jart의 이번 주력 상품인 세라마이딘 크림이 나온다. 2층 스토어에서는 건조한 피부를 촉촉하게 만들어주는 제품들을 직접 체험해보고 구매할 수 있도록 한다.

펭귄들이 제품을 받치고 있거나, 아기자기한 작은 오브제들이 제품과 함께 어우러지는 것을 볼 수 있다. 자칫하면 공간에서 튈 수도 있는 오브제와 제품들은 자연스럽게 하나의 흐름이 되도록 색상의 힘이 이 둘의 조화를 이루어 낸 느낌이다. 만일 통일된 색상이 없었더라면 과연 공간이 주는 느낌은 어땠을까? 우리는 한번 의문을 가지고 생각을 전환해봐도 좋을 것 같다.

잊혀 가는 감성을 일깨워주는 공간

3층은 2층에서 구매한 제품들을 다양한 포장재들로 직접 포장할 수 있는 공간으로 필터 스페이스에서 선물을 준비한 소비자들에게 기억에 남는 선물이 되길 바라며 잊혀 가는 감성을 일깨워 주기위해 기획된 공간이다.

펭귄들이 그려진 Yellow 포장지들이 천장에 주렁주렁 널려 있으며, 무심하게 널어놓은 포장지들의 불규칙적인 배열들이 한 공간의 무게를 잡아준다.

이런 공간들의 영감으로 제품을 구매하고 구매한 제품은 그 사람을 생각하는 특별한 포장으로 나에게 그리고 소중한 지인에게 기억에 남을 특별한 공간이야말로 제품 그 이상의 공간을 보여주는 공간이 아닐까라는 생각을 해본다.

또한 바닥에 노란 펭귄 발자국을 따라가다 보면 2.5층의 소원을 적는 Wish Tree로 꾸며진 가든이 나온다. 가든에는 3층에서 포장을 하며 적었던 소원을 걸어 2018년도 대미를 장식한 크리스마스의 장식 요소로 딱 어우러지는 역할을 한다. 누구나 한 번쯤 와서 소원을 적고 소원을 비는 시간을 가지며 자신의 1년을 되돌아볼 수 있는 뜻깊은 공간이 되길 소망한다.

꼭꼭 숨어라 펭귄 다리 보일라

계단을 내려가 나오게 되면 수많은 옐로 펭귄들이 줄지어 있는 것이 보인다. 많은 펭귄들이 소비자의 눈길을 끌며, 발걸음을 멈추게 한다. 자세히 보면 100마리의 모든 펭귄들에게는 각자 자신의 고유번호가 쓰여 있다. 자신에게 특별한 숫자를 찾으며 소비자들은 여기서도 소소한 재미를 느낄 수 있다. 이때 우리는 '왜? 많은 숫자 중에 100마리 펭귄일까?'라는 의문을 가질 수 있다.

2015년 동대문 DDP에서는 1600+마리의 판다를 전시를 했던 적이 있다. 이 판다는 재활용 종이로 제작된 수공예로 당시의 야생 판다 생존 개체 수를 의미한다고 했다. 어디서 나타날지 몰랐던 1600+판다들이 잠깐 우리들 눈앞에 반짝 나타나 사라져 의미를 더 했던 것처럼, Dr. Jart의 펭귄들 또한 극한 건조 환경 속에서 살아가는 우리들을 대변하는 역할을 하며, 우리에게 메시지를 던지고 있는 것이 아닌가 생각해본다.

제품과 어우러지는 전체적인 분위기부터 아기자기한 디테일까지 Dr. Jart의 필터 스페이스가 매번 이슈가 되는 이유로 손꼽힌다. 이번 PLAY CERA를 통해 100마리의 펭귄과 함께 즐길 수 있는 공간으로 매장을 찾는 모든 고객의 기억 속에 옐로 펭귄이 추억으로 남게 될 것이다.

Dr.Jart's Talk

with VMD팀 매니저 김정현 차장

닥터자르트 필터 스페이스의 이번 PLAY CERA 펭귄 콘셉트 의도는 무엇인가요?

세라마이딘 크림으로 촉촉해진 노란 세라 펭귄들이 주인공이 된 전시회입니다. 극한 건조 환경을 극복해 나가는 세라 펭귄들의 위트 있는 이야기들이 곳곳에 담겨 있습니다. 특히, PLAY CERA 캠페인의 의도에 맞게 오픈 된 공간에서 펭귄들과 함께 보고 즐길 수 있는 요소들을 곳곳에 녹여냈습니다.

닥터자르트 필터 스페이스가 매번 달라지는 콘셉트 공간을 보여주는데, 콘셉트를 정하는 기준이 있나요?

지금 동시대 소비자들이 가장 원하는 니즈를 파악하고 그것을 전략적으로 가장 잘 보여줄 수 있는 방법이 무엇인지 항상 고민합니다. 브랜드가 이야기하는 것도 중요하지만 소비자들이 알고 싶어 하고, 관심 있는 콘텐츠를 보여주려고 노력합니다.

층마다의 공간은 어떤 콘셉트를 가지고 어떻게 구성되어 있나요?

필터 스페이스는 총 3층으로 구성된 공간으로 이루어져 있으며, 각 층마다 다양한 요소들을 직접 보고 즐길 수 있도록 꾸며져 있습니다. 이번 PLAY CERA 전시는 세라마이딘 크림으로 촉촉해진 노란 세라 펭귄들이 주인공인 전시회입니다. 먼저, 1층은 극한의 기후 환경을 5겹 세라마이딘 보습으로 이겨내는 노란 펭귄들의 위트 있는 스토리들이 담겨 있습니다.

그리고 1층 외부 가든에는 줄지어 선 노란색 세라 펭귄들과 함께 사진을 찍을 수 있는 포토존이 준비되어 있습니다.

2층 스토어에서는 건조한 피부를 촉촉하게 만들어 줄 세라마이딘 라인뿐만 아니라, 닥터자르트의 모든 제품들을 직접 체험해 보고 구매할 수 있습니다. 또한, 3층 셀프 패키징 룸에서는 2층에서 구매한 제품을 다양한 포장재들로 직접 포장할 수 있으며, 현재 필터 스페이스에서 택배 발송을 해 주는 서비스를 제공하고 있습니다. 마지막으로 3층에서 연결된 2.5층 Holiday Forest에는 펭귄 태그에 소원을 적어 걸 수 있는 Wish Tree로 꾸며진 가든이 조성되어 있습니다.

이번 콘셉트에서 매장의 가장 핵심적인 공간은 무엇인가요?

1층 외부 가든에 줄지어 선 세라 펭귄들을 포함하여 필터 스페이스
간 곳곳에 총 100마리의 세라 펭귄들이 있습니다. 노란색 세라 펭
을 필터 스페이스 내부 곳곳에서 만나볼 수 있을 뿐만 아니라 1층 외
에서 이어지는 1층의 전시 공간에서는 세라마이딘을 보습 크림을
촉촉한 옐로 펭귄이 되어 극한의 기후 환경을 이겨낸 위트 있는 스
를 만나볼 수 있습니다.

**닥터자르트의 공간 콘셉트에 맞춰 상품의 포인트 컬러도 옐로 라인
로 나오고 있습니다. 옐로의 의미와 선택하신 의미가 궁금합니다.**

세라마이딘 크림은 2012년 처음 출시되었으며, 2017년에 현재의
자인으로 새롭게 리뉴얼 되었습니다. 노란색의 패키지는 세라마이
크림의 제형의 색상을 모티브로 디자인 작업이 진행되었으며, 더
한 보습과 확실한 효과를 표현하기 위해 선명한 옐로 컬러를 사용
니다. 닥터자르트 내부에서는 가칭으로 '냉정한 옐로'라고도 칭하
과학적이고 기능적인 느낌을 주면서도 세라마이딘의 제형 컬러를
가시화함으로써 확실한 효능과
보습감을 표현했습니다. 그리고 이번 필터 스페이스는 이 세라마이
의 키 컬러인 옐로를 녹여 공간에 표현해 냈습니다.

**주력상품이 공간으로 표현되는 데 있어서 가장 중요한 부분은 무엇
까요?**

제품에 대한 이야기를 자연스럽고 부담스럽지 않게 받아들 일 수 있
하는 '분위기'입니다. 닥터자르트만의 이야기가 아닌 모두가 공감할
있는 콘텐츠를 보여주기 위해 노력했고 필터 스페이스에 방문했을
에 세라마이딘에 대한 이미지가 잘 각인될 수 있도록 가장 중요한
는 자연스럽게 반복되는 형태로 표현하였습니다.

**닥터자르트 필터 스페이스는 제품을 구매하는 고객들도 물론 많겠
공간을 즐기려고 오는 고객들도 많을것 같습니다. 고객을 공간으로
어들이는 힘은 무엇일까요?**

처음 공간 구성을 고민할 때부터 매장보다는 머무는 공간을 염두에
고 계획했습니다. 그리고 프로젝트 콘셉트 때마다 조금씩 차별화를
고 있지만, 이번 PLAY CERA 기획 시에는 약 100마리의 노란색 세
펭귄이 오가는 사람들의 눈길을 끌게 하고 1층 안으로 들여다보이
모습에서 노란색의 밝은 에너지를 발산할 수 있도록 하였습니다.

Dr.Jart+
Dr.Jart+

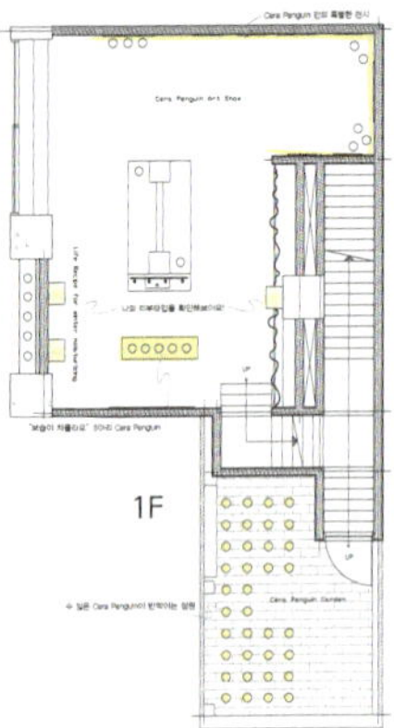
Cara Penguin Art Shop
Cara Penguin Garden

1F

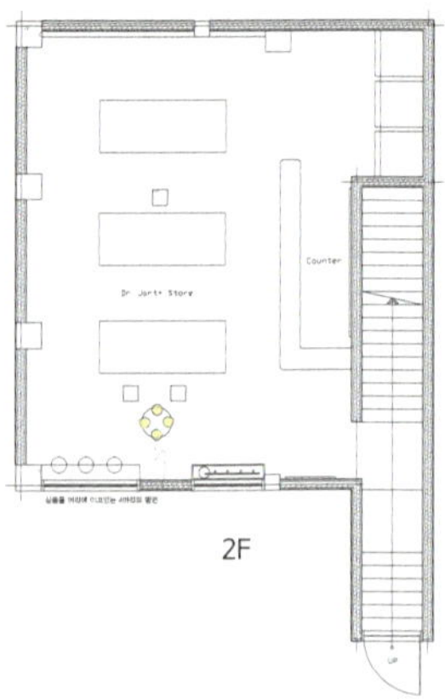
Dr Jart+ Store
Counter

2F

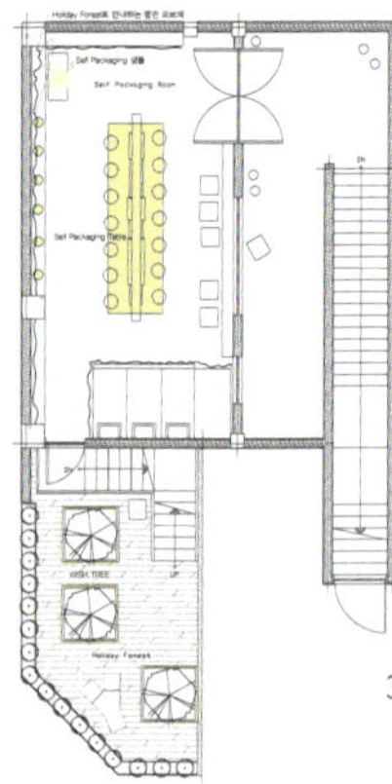
Self Packaging Room
Self Packaging Table
WISH TREE
Holiday Forest

3F

고객들이 가장 좋아하는 공간은 무엇인가요?
아니면 디자인 요소는 어떤 부분일까요?

1층의 가든에서 바로 보이는 줄 지어 선 노란 세라 펭귄들을 가장 흥미로워합니다. 그리고 1층 내부 전시 중 그림 속 먹잇감(정어리)을 바라보고 있는 3마리 펭귄도 많이 좋아해 주시고 있습니다. 단순히 정보 전달을 하는 것보다는, 재미있는 스토리가 담겨 있거나, 위트 있는 콘텐츠들을 많이들 좋아해 주시는 것 같습니다.

디자인의 의도와 고객의 반응이 맞았는지 궁금합니다.

프로젝트의 핵심은 닥터자르트 세라마이딘 제품인데, 노란 세라 펭귄을 그 매개체로 스토리를 전달하기 위해 많은 고민을 했습니다. 다행히 노란 세라 펭귄에 이끌려 방문해 주신 많은 분들이 세라마이딘 크림과 다른 제품까지 관심을 가져 주셨고, 닥터자르트의 모든 제품들이 소개될 수 있도록 준비한 2층에서 구매로도 많이 이어지고 있습니다.

향후 달라지게 될 닥터자르트 필터 스페이스의 공간계획은 어떻게 되나요?

이번 프로젝트에서 처음 시도한 3층의 셀프 패키징 룸에서는 잊혀 가는 감성을 깨워주고 기억에 남을 만한 콘텐츠를 만들고 싶은 의도에서 기획된 공간이었습니다. 요즘은 내가 선물을 하고도 어떤 선물을 사줬는지 기억이 안 날 때가 있는데 필터 스페이스에서 선물을 준비하신 고객분들의 기억에 남는 선물이 되었으면 좋겠습니다. 앞으로도 이런 오랫동안 기억에 남을 공간 기획은 계속해서 시도해 볼 생각입니다.

가로수길 Dr. Jart 필터 스페이스의 영향으로 파리까지 진출하신 건지 궁금합니다.(향후 유럽이나 미주 쪽에 팝업스토어도 계속 오픈 계획이 있는 것인지에 대한 질문도 아래 답변으로 함께 대체하겠습니다)

브랜드 론칭 초기부터 활발한 해외 진출을 진행해 온 닥터자르트는 철저한 현지 시장 및 소비자 성향 파악을 바탕으로 각 나라별로 현지인의 눈길을 사로잡는 차별화된 마케팅을 펼쳐 나가고 있습니다. 앞서 말씀드린 바와 같이, 2016년 유럽에 본격적으로 진출하였으며, 특히, 화장품 종주국인 프랑스 파리는 유럽 비즈니스의 전략적인 도시로서 현지 시장의 특성을 반영한 다양한 캠페인을 전개하며 글로벌 더마 코스메틱 시장을 리드하는 브랜드가 될 수 있도록 꾸준히 노력하고 있는 중입니다.

가로수길 매장과 파리 팝업 스토어의 다른 점(디자인적인 요소, 공간 등)이 있다면 어떤 것이 있을까요?

닥터자르트는 현지 시장의 특성을 반영하여 각 나라별로 현지인의 눈길을 사로잡는 요소들을 끌어내고 있습니다. 이번 프랑스 파리의 St.Lazare(생 라자르) 팝업 이벤트는 여러 부분에서 그 의미가 있습니다. 현재까지 유럽에서 진행되었던 팝업 이벤트가 대부분 인플루언서와 Press 위주로 진행되었다면, 이번에는 New 세라마이딘과 닥터자르트 브랜드에 대한 대대적인 브랜딩과 제품의 인지도 상승을 위해 일반 소비자를 대상으로 기획되었습니다. 그렇기 때문에 닥터자르트 브랜드와 세라마이딘 제품에 좀 더 초점을 맞추어 전체적인 디스플레이 및 공간에 제품의 효능과 보습에 대한 스토리를 더 많이 담아내었습니다.
팝업 스토어 내부 곳곳에는 극도로 건조한 사막에서 세라마이딘으로 촉촉해진 노란 세라 펭귄 스토리가 녹여져 있으며, 세라마이딘 제품을 보고 직접 체험할 수 있도록 공간이 준비되어 있습니다. 또한, 대형 세라마이딘 모형과 포토월로 세라마이딘을 한 번 더 강조하여 필터 스페이스와 같이, 제품에 대한 이미지가 잘 각인 될 수 있도록 가장 중요한 요소는 자연스럽게 반복되는 형태로 구성되어 있습니다.

Ceramidin
Dr.Jart+

제품과 어우러지는 전체적인 분위기부터 아기자기한 작은디테일까지 Dr. Jart의 필터 스페이스가 매번 이슈가 되는 이유로 손꼽히며, 이번 PLAY CERA를 통해 100마리의 펭귄과 함께 즐길 수 있는 소비자들에게 기억 남는 공간이 되지 않을까 싶다.

HONGKONG EDITION

LONDON EDITION

EDITION 2

VIVIENNE WESTWOOD

TOM DIXON

TOM DIXON
LONDON

Vivienne Westwood

the World? END?

70년대부터 꾸준한 자기만의 브랜드 컬러를 구축해가는 비비안웨스트우드는 지금까지도 브랜드가 가지고 있는 특유의 브리티시 펑크와 클래식함의 경계를 넘나들고 있다. 컬렉션마다 하나의 테마를 정해 유니크하고 때로는 혁신적인 캠페인을 펼치며 패션 브랜드의 이상의 아트적인 면모를 보여준다. 최근 "동물보호" 운동이 대두되면서 비비안웨스트우드 역시 동물보호 운동에 앞장서 한정판 티셔츠를 선보이기도 했다. 흔들림 없는 자기 색을 유지하면서 마니아층을 가지고 있는 브랜드가 아닐 수 없다. 그렇다면 매장의 컬러는 어떠할까?

비비안웨스트우드를 떠올리면 영국 펑키스타일의 대표브랜드라고 해도 과언이 아니다. 특유의 펑키한 스타일속 위트와 해학적인 느낌의 스타일링 그리고 컬러의 조합이 비비안웨스트우드를 대표하는 수식어가 아닌가싶다.영국에 1호매장인 첼시에 있는 "World End"매장은 엘리스가 토끼를 따가 가다가 마주하는 동굴속 공간을 떠올리게한다. 매장은 아주 협소하지만 왠지 그렇기 때문에 더 비비안웨스트우드 스러움이 느껴지는것은 아닌가 생각이 든다. 처음 매장을 방문하기 위해 런던 웨스트앤드로 갔을 때 내 기억속에 우주비행선 같은 로고와 특유의 유니크한 서체의 로고를 머리속에 담고 열심히 매장을 찾았던 기억이 든다. 그렇게 한참을 찾아 매장에 도착했을 땐 또 한번 놀랐다. "정말? 비비안웨스트우드라고?" 나의 모든 편견 가득한 생각을 무너뜨리는 순간이었다.

비비안웨스트우드를 떠올리면 영국 펑키 스타일의 대표 브랜드라고 해도 과언이 아니다. 특유의 펑키 한 스타일 속 위트와 해학적인 느낌의 스타일링 그리고 컬러의 조합이 비비안웨스트우드를 대표하는 수식어가 아닌가 싶다.

영국에 1호 매장인 첼시에 있는 "World End" 매장은 엘리스가 토끼를 따라 가다가 마주하는 동굴 속 공간을 떠올리게 한다.

매장은 아주 협소하지만 왠지 그렇기 때문에 더 비비안웨스트우드스러움이 느껴지는 것은 아닌가 생각이 든다.

"부티크 "월드 엔드" 430 킹스 로드에서 첼시는 영국 패션 역사에서 매우 특별한 장소를 가지고 있다. 1970년에 나와 내 남자친구 말콤 맥라렌은 가게를 "렛 잇 락"이라고 부르며 이사했다. 1970년에 나와 내 남자친구 말콤 맥라렌은 가게를 "Let it Rock"이라고 부르고 테디 보이 옷들과 패션을 파는 곳으로 이사했다. 그 후에 우리가 새로운 컬렉션을 디자인할 때마다 우리는 가게의 이름과 장식을 1981년까지 바꾸었다. 우리는 "Worlds End"라고 불리는 해적들을 위한 첫 패션쇼를 열었다. 말콤과 나는 이 시점에서 헤어졌고 그는 계속 음악 활동을 했다. 그 가게는 "Worlds End"라는 이름을 가지고 있다."

"Worlds End 숍에는 지금 너무 많은 새로운 미니 킬트들이 있어서 우리는 단지 그들 모두를 함께 찍어야만 했고, 엘초 세인트 사무실 무대 뒤에서 일하는 사랑스러운 여성들 몇 명을 그들의 다리를 치장하고 보여주기 위해 일하는 것보다 더 좋은 생각이랍니다!
(70년대의 '캐리 온' 영화의 줄거리는 결국 이것을 위한 수단이었습니다.)"
"간단히 발해 그들 스스로 스타일을 만드는 것이었는데, 유일한 조건은 그들이 다른 디자이너 제품을 뻔뻔하게 사용하지 않았다는 것이었다. 파리에서 열린 A/W 93 '안그노마니아' 컬렉션에서 린다 에반젤리스타에 의해 처음 착용된 이 쇼는 나오미 캠벨이 파란색으로 솟아오른 질리신발을 신고 우연히 발견했다는 것과 같다.
이 미니 킬트는 수년 동안 월드 엔드 클래식이었다. 나는 참가하고 있는 직원들에게 자신을 소개하고, 촬영, 매장, 킬트에 대해 간단히 쓸 수 있는지 물어보았다." -World End Web site-

"패션브랜드에서 운영하는 카페의 공간은 어떨까?
어떠한 이야깃 거리를 담고 있는 것 일까?
브랜드의 홍보 목적일까?
카페라는 공간을 소통의 매개체로 활용하는 것일까??"

이처럼 비비안웨스트우드는 패션에 지식이 없는 나에게도 패션 그 이상으로 이야깃거리와 관심을 끄는 브랜드이다. 얼마 전 카페 마당(메종 에르메스 도산점 카페)에서 미팅을 한 적이 있었다. 에르메스라는 브랜드가 다소 무겁기도 하고 한편으로는 부담스러울 만큼 하이엔드 브랜드이기 때문에 생소한 마음으로 미팅을 하러 갔었다. 그러면서 의문이 들기 시작했다. "패션 브랜드에서 운영하는 카페들은 어떠할까?" 어떠한 이야깃거리를 담고 있는 것일까? 브랜드의 홍보 목적일까? 아니면 브랜드가 카페라는 공간을 만들어 고객들과 소통하고자 하는 하나의 매개체일까? 내가 최애 하는 브랜드 비비안웨스트우드도 카페가 있다는 이야기를 어디서 들었던 기억이 있어 찾다 보니 아시아에 일본과 홍콩에 있다는 소식을 들었다. 최근 하버시티에서 신규 매장으로 옮기면서 새롭게 오픈했다는 소식에 홍콩 매장으로 방문하게 되었다.

Vivienne Westwood
CAFÉ

일층에는 여느 매장과 같이 의류와 잡화,
악세서리로 그야말로 비비안웨스트우드가 가득했다!

집기 하나하나, 쇼케이스 조명 데커레이션까지 세심하게 로고 플레이를 선보이는 비비안웨스우드의 컬러 아닐까 싶다. 예를 들면 집기와 모든 쇼 케이의 사용된 금속물들은 과장되지 않고 절제된 무광 블랙의 금속에 신주 같은 느낌의 골드 톤으로 에지(Edge)를 장식했다. 다소 화려한 로고를 빈티지하게 풀어 의류들의 화려한 패턴들을 해하지 않으면서 끊임없이 로고를 강조하고 있었다.
주얼리를 전시한 쇼케이스에서도 그 디테일은 한 번 더 볼 수 있는데 그건 바로 주얼리들을 받치고 있는 우든 플레이트이다. 우드에도 로고가 음각으로 새겨져 빈티지함을 더 강조했다. 피팅룸의 가구와 매장 한편에 마련된 웨이팅 체어 또한 진열 집기와 같은 원형 봉의 형태를 동일하게 사용하되 따뜻하면서 안정적이고 클래식한 느낌이 드는 우드와 패브릭을 적절하게 사용된 가구를 사용하였다.

조명 또한 의류매장은 보통 백색의 등 기구를 많이 사용하지만 주백색(전구색)을 주로 사용하여 집기들의 빈티지하고 클래식함을 해치지 않았다. 사실 매장을 방문할 때 가장 먼저 생각하게 되는 것은 톤 앤 매너(Tone & Manner)다 그 톤 앤 매너가 꼭 가구의 컬러나 공간의 컬러로만은 국한되어 설명한다기보다는 조명의 조도도 그 몫을 크게 하고 있다고 생각한다. 예를 들어 조명의 컬러로 컬러가 톤 다운되고 안정되게 보일 때도 있고 반대로 아주 강렬한 조도 높은 백색을 사용함으로 브랜드가 가지고 있는 제품의 컬러나 형태를 극대화하기도 한다. 가장 좋은 예는 주얼리 매장의 매장 조도는 다소 낮게 그러면서도 쇼케이스 안에 있는 조명은 조도가 높고 강렬한 백색으로 함으로서 주얼리의 반짝임을 극대화하기도 한다. 반면 비비안웨스트우드는 브랜드가 가지고 있는 빈티지하고 펑키한 패턴의 의류와 주얼리가 적절하게 고루 보이기 위해 조도를 낮춘 게 아닌가 생각이 든다.

“VIVIENNE WESTWOOD CAFÉ ”

카페는 1층 매장에서 연결된 동선으로 자연스럽게 이어져 있고 몰의 특성도 살려 몰 2층 실내에서는 카페로 들어오게 되고 몰의 외부 1층에서는 의류매장으로 입장하게 되어있다. 2층의 카페로 이동하면서 너무 반가운 비비안웨스트우드 비행성 로고를 만나게 된다.

런던 정통 패션 브랜드라는 걸 다시 한번 상기시키듯 카페를 대표하는 시그니처 메뉴인 “애프터눈 티”를 서빙하는 티포트와 3단 트레이가 눈에 보인다. 망설임 없이 판매 의혹이 먼저 생겼지만, 매장의 특성상 테이블 웨어는 판매를 하지 않았다. 티 하우스라고 부르기에는 아주 협소한 공간이지만 빠르게 움직이는 도심 속의 작은 동화 같은 공간이 바로 이곳 “VIVIENNE WESTWOOD CAFE”이다.

Vivienne Westwood Café는
Vivienne이 좋아하는 책이 있는 작은 도서관과 전통적인 에프터눈 티를 즐길 수 있는
두 개의 별개의 공간이 있습니다. 첫 번째 공간은 17 세기와 18 세기의 예술과 가구가 모여있는 런던의 박물관인 월리스 컬렉션 (Wallace Collection)의 사진을 인쇄하여 벽면에 마감하며 수년 동안 비비안 웨스트 우드 컬렉션에 영감을 불어 넣었습니다. 두 번째 공간에서는 사진작가의 흰색 색채가 벽을 굴러 바닥을 가로질러 웨스트 우스트 (Westwood) 쇼에서 무대 뒤 촬영 장면을 설정합니다. 마치 백스테이지에서 후광을 받으며 모델들이 한 명씩 걸어 나올 것 같은 런웨이가 연상됩니다. 그 런웨이 공간에는 10인용의 커다란 다이닝 테이블이 준비되어 있는데 마치 쇼가 끝난 뒤, 뒤풀이 다이닝파티가 이루어질 것 같은 느낌이 든다.

동선은 두 가지로 아래층의 패션 제품 판매 공간에서 직접 올라오는 동선과 2층의 몰에서 카페로 바로 유입되는 동선입니다. 어느 쪽으로 들어와도 "역시 비비안웨스트우드답다"라는 감탄사가 나옵니다. 주방은 다소 협소하지만 오픈형 주방으로 되어있으며 너비 3미터가량 되는 쇼케이스에는 달콤한 비비안 웨스트우드 디저트들이 준비되어 있다.

3000여 평이 넘는 고급 리테일 공간이있는 패터슨 스트리트 패션 워크 스토어에는 Vivienne Westwood 세상이 펼쳐졌습니다. 매장에는 Vivienne Westwood mens & Womenswear 메인 라인 (Savile Row 재단에서 영감을 얻고 웨스트 우드의 상징적인 실루엣으로 전통적인 영국 소재 원단을 볼 수 있음)의 전체 컬렉션을 볼 수 있습니다. 또한, Andreas Kronthaler의 유니크하고 유니섹스 콘셉트의 컬렉션, 더 캐주얼하고 데님 제품을 포함하는 젊음 컬렉션인 Anglomania 라인을 만날 수 있다. 각 컬렉션에는 비비안 웨스트우드 (Vivienne Westwood) 신발, 액세서리 및 주얼리가 다양하게 구비되어 있습니다.

디저트 하나하나에도 비비안 웨스트우드의 로고 플레이는 끊임없이 선보이고 있었다. 비비안웨스트우드도 로고 플레이를 잘 활용하는 브랜드 중 하나로 때로는 옷의 패턴이나 가죽제품의 패턴 그리고 모든 장식과 단추, 심지어 신발 굽의 작은 포인트까지도 고객으로 하여금 비비안웨스트우드를 알리는 듯하였는데 카페에서도 마찬가지로 식기들과 그 위에 서빙되어 나오는 음식 하나하나, 심지어 음료의 파운딩까지도 로고를 잘 활용하고 있었다. 유니크한 로고의 힘을 톡톡히 보여주는 순간이다.

최근 티파니도 카페를 열어 많은 사람들이 티파니와 가까워지고 친구가 되어가고 있다. 그래서 사람들은 더 이상 5th Avenue의 업타운걸들만의 공간이 아닌 티파니를 공유하는 공간이 되었다. 그러면서 인식이 바뀌고 말이다. 비비안웨스트우드도 조금 더 가지고 있는 유니크한 공간이 늘어나 영국 전통의 유니크함을 편하게 만날 수 있었으면 한다. 더 이상 브랜드의 홍보 방식이나 고객의 마음을 끌어당기는 힘이 광고나 매장의 POP로 그치는 시대는 지났다고 생각한다. 이제는 비주얼화된 공간을 선보임으로써 그 브랜드의 아이덴티티나 가치를 함께 체험하는 4차 산업혁명 시대이다.

또한 01호에 말했듯이 이제는 소비의 패턴이 필요에 의한 소비가 아닌 브랜드 자체가 고객과의 소통을 이루는 공간으로서 Z세대의 몸과 마음을 충족시켜야 한다고 생각한다. 그러기 위해서는 플레그십 스토어의 변화와 팝업스토어의 새로운 시도가 필요하다. 비비안웨스트우드가 잘하는 "캠페인"이 이벤트성에서 그치지 않고 공간에 녹여 차별화된 브랜드 비쥬얼라이제이션(visualization)이 확립 될 것이다.

Tom Dixon.

톰 딕슨은 제품 디자이너라고 정의하기 어려울 만큼 예술적 감각을 지닌 소재 활용의 마법사라고 해도 과언이 아니다.
대학 시절 내가 처음 톰 딕슨을 알게 되었을 때 그의 특유의 곡선과 절제된 소재 선택과 그 소재를 다양하게 취재하기 위해 아시아 최초 매장인 홍콩 소호에 있는 톰 딕슨&커피 하우스를 방문했다.
매장에 들어서기 전 톰 딕슨의 로고가 100미터 전방에서도 한눈에 알아볼 수 있었다. 차콜 그레이의 브릭 건물에 페인팅 된 로고는 그야말로 그의 디자인을 대변하고 있었다.

매장을 들어서는 순간 그 감동은 이어졌다. 바로 톰 딕슨의 기하학적인 형태의 조명들, 그리고 메탈의 이해도가 확실한 그의 테이블 디자인과 테이블웨어들이 조화롭게 이루어져 있었고 외부에서 보았던 차콜 그레이 블랙의 철제 계단이 제품들과 이질감 없이 잘 이루어져 있었다.

STONE WALL LIGHT IP44

본연의 스파이스 그라인더를 보면, 돌담 빛은 힙 모와드 대리석으로 조각되어 있다. 이 단단하고 반 정확한 표면은 수천 년 동안 건축가, 조각가, 그리고 디자이너들을 변화시켰다. 그것은 꿈의 물질이다 - 강하지만 촉감, 무겁고 오래 지속되는 개인적인 성격. 석벽 등은 이제 부엌과 욕실의 축축한 벽을 안전하게 밝힐 수 있다. 모든 욕실 및 주방 조명 브라스 허브 전구를 포함하고 있다.

"NODI X Tom Dixon"

2층의 카페 공간은 커피 브랜드와 콜라보로 이루어졌는데, 모든 조명과 가구는 톰 딕슨의 디자인 제품들로 공간을 이루었다. 너무 친숙한 곡선을 표현한 가구들과 매트한 메탈릭 소재의 집기와 대리석의 마감재가 어우러져 커피숍의 느낌보다는 톰 딕슨의 작업공간 혹은 톰 딕슨 스튜디오를 연상시켰다. 하나하나 살펴보면 제각기 다른 형태와 마감재를 사용하였지만, 그 속에서 어우러져 하나의 작품처럼 보였다. 국내에는 톰 딕슨의 제품을 구매하려면 여간 힘든 일이 아닐 수 없는데 이곳은 일층의 쇼룸이 함께 있어 제품을 가까이서 직접 체험해보고 구매를 할 수 있는 장점이 있다. 우리나라에도 이런 공간이 많이 생겨나서 디자이너 제품을 가까이서 접하게 되었으면 좋겠다.

Wingback Chair
Natural Leg Hallingdal 65

윙백은 영국의 고전 작품 시리즈다.
컬렉션은 다양한 색상과
Kvadrat 직물로 구입할 수 있다.

Etch Web Pendant Brass

60cm 폭의 넓은 음영으로 가볍고 공간 충진성이 뛰어난 독특한 개방형 구조. 빛을 내는 효과에서 그치는 것이 아니라 조명이 비치어 만들어내는 그림자 역시 공간에서 조형미를 더욱 강조시킨다. 형태적인 특성 때문에 메탈 소재를 사용한 제품임에도 불구하고 가벼워 보인다.

1층에서 2층으로 올라가는 계단 동선 천정부에 설치되어 다소 높아 밋밋할 수 있는 벽면에 벽지나 컬러 포인트 없이 자연스럽게 묻어나는 패턴이 톰 딕슨의 아트적 감성을 엿볼 수 있다. 조명의 소재는 강철 및 황동, 두 가지로 만날 수 있다.

Beat Tall Pendant Brass
Beat Wide Pendant Brass
Beat Fat Pendant Brass
Beat Stout Pendant Brass (왼쪽부터)

Beat Light의 솔리드 브러시드 브론즈 버전. 대조를 이루는 외부 마감 없이,
비트는 가장 순수한 형태로 남는다.
내부와 외부의 따뜻한 황금 황동. 평범한 청동 외관을 브러시로 닦아
매끄러운 표면을 이루고 깨끗한 래커로 마무리한다.
비트의 빛은 극적인 진술을 만들기 위해 여러 가지 다른 구성으로 사용될 수 있다.
하나 이상의 모양과 원형 또는 선형 펜던트 시스템을 사용하여 개별적으로 또는
그룹으로 사용할 수 있다.

© TOM Dixon Coal Drop Yard London

TOM DIXON

Coal Drop Yard

© TOM Dixon Coal Drop Yard London

© TOM Dixon Coal Drop Yard London

CONVERSATION

WITH

SHOP MANAGER MATT

Q: tell me about History of Tom Dixon's Design

톰은 주로 조명, 액세서리, 가구 분야에서 끊임없이 노력하는 혁신가다. 80년대 초반의 그의 출발점부터, 그는 하비타트와 아르텍의 창조적 이사인 카펠리니와 함께 이탈리아 명품들과 함께 일하면서 플라스틱 회사 유로라운지를 만들고 마침내 2002년에 제품 디자이너의 산업과의 관계를 재고하기 위해 그의 자신의 유명 브랜드를 선동했다.

톰의 디자인 여정의 가장 최근의 장은 2002년 그가 회사 생활을 떠나 상품과 인테리어의 디자인에 대한 일련의 새로운 모험의 플랫폼으로서 자신의 악명 높은 브랜드를 만들면서 시작되었다.

15년이 지난 지금, 톰 딕슨은 뉴욕, 홍콩 SAR, 중국, 런던, 로스앤젤레스, 도쿄에 있는 우리 자신의 거점을 가진 인테리어 분야에서 널리 알려져있다. 우리의 600점의 제품은 조명부터 가구, 식기류, 향기에 이르기까지 다양하며 65개국 이상에 분포되어 있다. 그것들은 조각적 특성과 공학적 재질이 돋보인다.

Q: Tell me about Tom Dixon Brunch

첫번째 빌딩은 2018년 4월 24일에 오픈했다.
우리가 최근에 이사한 빌딩은 2009년 2010년 경부터 리뉴얼을 시작했다.
전체적인 빌딩은 영국 건축가 헤더윅 스튜디오에서 설계 및 시공을 했다. 그 시점에 건물은 3개로 나눠져 있었다.

톰딕슨이 이 공간을 봤을 때 망설임 없이 이사를 결정한 것이, 이곳은 200년이 넘는 런던의 역사적인 배경이 남아 있는 곳이기 때문이다.

밖에 보이는 첫번째 빌딩은 오피스 빌딩으로 톰딕슨의 헤드오피스, 톰딕슨&디자인 스튜디오, 바잉오피스, 아이디어 조사팀과 우리 회사의 디자이너들이 근무를 하는 곳이다. 그리고 지금 우리가 인터뷰하고 있는 메인 공간인데, 나는 이곳을 톰딕슨의 메인공간이라고 명칭하고 싶다 왜냐하면 이곳이 우리 브랜드의 쇼룸이기 때문이다. 그리고 마지막으로 이스람게 유명한 쉐프가 조리장으로 있는 레스토랑이 있다. 현재로서는 이곳이 톰딕슨의 메인 레스토랑이다.

숍은 아치들로 공간이 분리되어 있는데, 아치형태의 구조물을 그대로 보존하면서 공간을 만드는데 집중했다. 둘러보면 알겠지만 공간은 사실 많은 인테리어 요소들이 보여지지 않을 것이다. 사실 우리 숍은 타 공간에 비해 아주 공간적으로 날것 그대로를 보여지면서 톰딕슨의 디자인 가구와 제품들이 곳곳에 무심하게 전시되어 있다고 느껴질 것이다.

Q: tell us about move in Coal Drop Yard

우리가 이곳으로 이전하게 된건 정말 행운이다, 콜드롭야드는 런던 최중심의 빌리지가 되었기 때문이다. 우리는 아주 다양한 프로젝트가 진행중이다, 사람들은 그로 인해 행복하게 이곳을 방문하고 있다. 앞으로 더 많은 사람들이 이곳을 방문하게 될것이다. 아마도 방문하는 모든 사람들은 아치의 안밖을 보며 걸으며 좋은 추억을 쌓을 것이다.
또한, 우리 쇼룸은 공간을 찾는 모든 고객들에게 그들이 원하는 디자인과 스토리를 담은 자신만의 특별한 제품을 만들 수 있는 공간으로 거듭날 것이다.

© TOM Dixon Coal Drop Yard London

© TOM Dixon Coal Drop Yard London

© TOM Dixon Coal Drop Yard London

© TOM Dixon Coal Drop Yard London

© TOM Dixon Coal Drop Yard London

© TOM Dixon Coal Drop Yard London

© Miller Harris Coal Drop Yard London

Miller Harris

Coal Drop Yard

"We want our stores to bring an immersive experience, as choosing a fragrance is such a personal and emotive journey, to elicit a sensorial response to the fragrance and showcase the story telling of so many of our perfumes."

"우리는 향기를 선택하는 것이 그렇게 개인적이고 감정적인 여행이기 때문에 매장들이 몰입적인 경험을 가져다 주기를 바라며, 향기에 대한 감각적인 반응을 이끌어내고 많은 향수에 대한 이야기를 선보인다."

Sarah Rotheram, CEO MILLER HARRIS

소리로 듣고 향으로 느끼는..

영국의 향수 제조사 린 해리스는 파리에서 5년간 훈련을 치고 런던으로 돌아와 전통적인 향수 제조사의 예술에 삶 색채를 불어넣었습니다. 신중하게 선택된 식물학은 런던 보헤미안 정신을 포착하는 향수를 만들기 위해 복잡하고 격적인 방법으로 함께 모인다.

밝은 케이지 꽃무늬 프레임 포드는 향수에서 영감을 받은 운드스케이프를 경험하고, 구리 파이프는 맨발의 산업용 돌공장에 대항하여 우리의 화려한 병을 돋보이게 한다.

© Miller Harris Coal Drop Yard London

향기 가득한 도심의 숲 속으로

콜드롭야드를 걷다 보면 코끝을 미세하게 자극하는 기분 좋은 향기가 풍겨져 나오는 공간을 만날 수 있다. 외관에서 볼 때는 이곳이 향수 샵인지 아니면 화장품 가게 아니면…
궁금증과 함께 들어서는 순간 마치 내가 엘리스의 원더랜드의 엘리스가 되어 가든 티파티에 초대된 것 같은 느낌의 공간을 마주할 수 있다. 정확하게 형언할 수 없지만 아주 자극적이지도 아주 오디너리 하지도 않은 향기가 공간 가득 매웠다. 굳이 점원의 특별한 설명이 없이도 이곳에서 판매되고 있는 향기가 가지고 있는 아이덴티티가 어떤 것인지 상상이 될 만큼 자연의 요소들을 곳곳에서 볼 수 있었다.

사실 향수 브랜드들의 공간을 가보면 길게 진열된 아일랜드 진열장에 빼곡히 늘어선 향수병들과 시향 할 수 있도록 놓인 스틱들을 볼 수 있었다. 사실 향들이 섞여서 어떤 향을 선택해야 할지 애를 먹은 경험들은 누구나 있을 것이다. 이 공간은 일반적인 아일랜드 장이 앞쪽에 없고 확실한 VP존을 구축하고 있었는데 자연스럽게 디스플레이되어있는 연출 도구들이 곧 가구와 한 몸이 되고 그 사이사이에 진열된 향수병들이 이보다 더 완벽할 수 없을 만큼 비주얼을 뽐내고 있었다.

샵은 그리 그지 않은 규모였지만 이야깃거리가 풍성했다. 샵 메니져의 설명을 들으면서 시향을 시작했는데 더 놀라운 것은 디스플레이 용도로만 생각했던 드라이플라워들이 곧 향수의 원재료라는 말을 듣고 놀라웠다. 실제로 사용했던 원재료를 비주얼적으로 활용한 아주 좋은 예라고 할 수 있다. 물론 화장품 브랜드들이 많이 선보였던 디스플레이 방법이기도 하지만 지극히 일부나 특정 한 부분을 연출하는 소품 정도로만 쓰이는데 이곳에는 공간을 꽉 채우며, 마치 “우리가 찾은 자연”이라고 말하는 것 같다.

Miller Harris도 폴스미스와 마찬가지로 현재 보유하고 있는 런던의 매장들은 모두 각각 다른 콘셉드로 만들어졌다. 브랜들이 점점 자기의 색깔을 표현하는 방법을 제품군에서 그치지 않고 점차 공간에서 보여주고 있다. 공간이 주는 힘이 이런 것이 아닐까 몇십 초 분량의 광고에서도 체 담아지지 못한 브랜드의 스토리와 브랜드를 직접 경험하게 해주는 유일한 매체가 바로 공간일 것이다.

아일랜드 진열장 너머 양쪽 벽에는 천장에서부터 내려오는 지름 약 70cm 정도의 투명한 스피어 6개가 행잉되어 있다. 처음 봤을 때는 조명인가 생각되었지만 가까이 다가갈수록 미세하게 벌레소리 혹은 바람소리 같은 소리가 들린다. 매장전체에도 음악이 흐르고 있었지만 스피어 안으로 고개를 넣으면 스피어에서만 들리는 소리가 나를 감싸는 느낌이 든다. 스피어 하나하나 어떤 소리가 들리는지 들어보는데 공간이 아주 협소했지만 스피어에서 스피어로 걸음을 옮기는 자체가 숲을 산책하는 소소한 기분을 느끼게 했다.

*아일랜드 진열장: 매장에 중앙에 사용하는 집지로 하부에는 수납을 하고 상부에는 제품을 진열하는 가구이다.

© Miller Harris Coal Drop Yard London

Miller Harris
WANDER
Rêve de Verger
WANDER

숲 속의 조향사

숲 속 너머로 은은한 빛이 세어 나오는 진열장이 들어온다. 그리고 앞에는 대형 테이블이 있다. 전면의 벽장 장식장에는 브랜드에서 만들어낸 다양한 종류의 향수들이 진열되어 있고 양쪽 옆에는 마치 향기를 모은 듯한 파이프들이 만들어진 장식장이 눈에 들어온다. 다소 인더스트리얼한 느낌이 들어 아주 델리케이트한 향기와는 어울릴 것 같지 않지만 자연에서 얻어진 날것들의 요소와 공간이 기본적으로 가지고 있는 붉은 벽돌과 어우러져 마치 숲에 숨겨진 비밀 케이브에서 발견된 향기를 연상하게 한다.
집기들 역시 같은 소재를 사용하여 만들어져서 통일감을 주었다. 바닥도 마찬가지로 초입부터 가장 안쪽까지 통일되는 테라조 타일을 사용하였다.

"거기서 만나자, 먼저 도착하는 사람이 ooo하고 있으면 되니까"
"우선 커피 한 잔 하시죠!, 거기 있겠습니다. ooo도 할겸.."
"대박! 거기 ooo도 있데, 밥 먹기 전에 만나자!"
"나는 ooo하고 있을게 거기가 좋겠다!"
"거기 가보자 ooo도 있데!!"

여러분은 하루에 평균적으로 커피를 몇 잔이나 드시나요? , 커피를 마시러 어디로 가시나요? 저는 평균적으로 3~4잔 정도는 아무런 계획 없이 마시게 되는 것 같아요. 평상시에는 장소를 정해두고 가는 편은 아니지만 커피를 마신다는 상황이 하루 일정의 한 부분으로 비중이 실어지게 되는 경우에는 장소의 선택이 매우 중요해 집니다. 예를 들면, 오랜만에 만나는 지인이라던가 아니면 여행지에서 맛집을 찾는 것 처럼 "커피 예술인 집", "분위기 좋은 카페" 위주로 찾아가게 되는 것 같습니다. 커피를 마시는 행위, 혹은 상황이 이제는 우리 일상에서 너무 친숙하며 가깝게 일상의 그 흔한 일 중의 하나로 자리 잡았을 만큼 가까이에 있는 일상 중에 하나입니다. 생각해보면 맛집을 찾는 횟 수 만큼 혹은 그 이상으로 커피집을 찾아 다니게 되는 요즘입니다. 우리는 어디로 커피를 하러 가고 있을까요?. 그 공간의 무엇? 때문에 그 곳을 계속해서 가게 되는 것 일까요? 우리는 그저 커피만 하러 카페를 가는 것 일까요?

다르게 접근하자면 커피공간은 더이상 "만남의 장소" 가 아닌 그 이상의 컨텐츠를 품고 있습니다. 예를 들면, 소모임의 장소로서 혹은 소규모 클라스(쿠킹, 베이킹, 초만들기)를 진행하는 공간으로서, 때로는 개인의 파티 장소로서의 역할을 하는 곳도 늘어나고 있습니다. 최근 새롭게 선보여지는 카페공간 중에서 카페가 뮤지엄을 품고 있는 카페, 일반적으로 뮤지엄이나 갤러리에 있는 카페테리아는 잠깐의 여유와 휴식을 취하는 공간이지만 앞 서 말한 카페뮤지엄은 라이프스타일의 변화와 문화생활이 우리 일상에 밀접하게 공존하면서 생겨나는 흐름 때문이라고 생각합니다. 덧붙여 말하면 카페가 더 이상은 "휴식, 티, 킬링타임"의 목적만으로 방문하는 공간이 아니기 때문에 카페 속에서도 VMD매뉴얼은 곳곳에 어김없이 자기 역할을 하고 있습니다. 예를 들면, 약 20여년전 프렌차이즈 카페가 늘어나고 있을 때와 최근 독립카페와 컨셉카페가 늘어나면서 매장내의 가구배치, MD상품 진열 등 새로움의 새로움을 더 하고 있습니다. 또한 기존의 카페와 다르게 "체험" 이라는 이야깃거리를 제공하는, 그러면서 첫 방문에서 재방문으로 연결 되어지는 공간기획의 숨은 이야기를 담아보려고 합니다.
이번 01호에서는 독립카페를 대상으로 공간 안의 컨텐츠와 아이덴티티가 확실하게 나타나 있는 공간을 선정하여 "꼭 그곳을 가야하는 이유" 를 찾아보려고 합니다.

지금, 어디서 커피 하고 계신가요?

EPISODE 3

TERAROSA

연남방앗간

agnès b. Café

"한 잔의 커피가 누군가에게는 유일한 한 잔 일수 있다는 마음으로"

테라로사 이현주 이사

커피에, 더하다

2002년, 강원도 강릉시에는 커피공장인 테라로사가 들어섰다. 본래는 생두를 볶아 카페, 호텔, 레스토랑 등에 커피 빈을 공급하는 로스팅 팩토리로 시작하였지만 소문을 듣고 커피를 직접 맛보러 오는 이들이 늘어나 카페를 운영하게 되었다고 한다. 자연 속에 있는 테라로사는 커피를 좋아하는 사람들에게 많은 사랑을 받았으며 점점 매장을 직접 방문하는 사람들로 늘어났다. 덕분에 2017년 7월, 공장 바로 앞 밤나무 숲속에 오랜 기간 준비해온 빨간 벽돌 건물로 자리를 옮겨 지금의 테라로사가 되었다고 한다. 이곳은 커피, 베이커리, 레스토랑, 뮤지엄으로 구성되어있으며 신선하고 다양한 체험을 통해 오픈부터 현재까지도 많은 사랑을 받는 중이다.

커피를 담는 잔, 커피를 담는 공간

테라로사 강릉점(본점)은 도로에 인접한 위치에 있어 관광객들이 여행하는 도중 들리기 좋은 장소이다. 이곳에 도착하면 거대하고 웅장한 외관에 먼저 놀라게 된다. 그리고 정말 놀라운 것은 이 공간의 모든 설계는 김용덕 대표가 현장설계부터 시공까지 직접 하였다고 한다. 테라로사의 외부는 적벽돌로 마감이 되어있고 그 위에 화이트 페인트로 칠해진 빈티지한 느낌의 테라로사의 사인이 길 안내를 돕고 있었다. 마치 중세 유럽의 '붉은 벽돌 건축가'라 불리는 마리오 보타의 정서가 느껴지는 듯한 외관이었다. 카페로 들어가기 위해서 화이트 페인트의 사인을 따라, 건물과 건물의 샛길로 발길을 옮겼다. 적벽돌의 외관을 가진 건물의 옆면은 노출콘크리트로 되어있다.

카페로 가기 위한 통로는 적벽돌의 따뜻한 느낌과 노출 콘크리트의 차가운 느낌이 조화를 이루고 있었다. 이렇게 걷다 보면 큰 철제 유리 문이 우리를 무심한 듯 반겨준다.

내부에 들어섰을 때 거대한 외관과 통일된 내부는 엄청난 천장고와 공간감을 한 번에 느낄 수 있었다. 공간 전체는 2층으로 구성되어 있고 1층에는 카운터, 핸드드립 바, 홀이 있었다. 핸드드립 커피는 커피를 천으로 걸러 가루 없이 만들어지는 형식인데 직접 손으로 하기 때문에 핸드드립 커피라 한다. 이것이 보는 즐거움까지 더해 주었고 커피의 향도 은은하게 퍼져 향으로도 만족감을 주었다. 그리고 한쪽에는 다양한 철제로 된 주전자 같은 오브제들과 우드 재질의 오브제들이 적절하게 조화를 이루고 있었고 패키징 된 커피들을 판매하고 있었다.

너비 약 5미터의 4단 선반에 과거 유럽의 그라인더나 미니 로스팅기 등이 VP 오브제 역할을 하여 테라로사의 인더스트리얼 감성에 힘을 더했다. 2층에는 테이블들과 노 키즈존 공간이 따로 있었다. 아이들과 함께하고 싶은 손님, 조용히 여유를 즐기고 싶은 손님들을 공간으로 분리하여 모든 사람이 자신이 원하는 공간에서 커피를 즐길 수 있게 설계되었다.

테라로사 강릉점은 폐공장을 업사이클링하여 만든 공간이다. 업사이클링 공간답게 앤티크하고 인더스트리얼한 오브제들이 display되어있다. 뿐만 아니라 가구 하나하나까지도 가지각색의 자태를 뽐내고 있으며 그것들은 모두 고급스러운 가구보다는 가죽 소재와 나무, 철 재질의 가구들이 우리에게 친근하게 다가왔다. 바쁜 도심 속에서 마시는 커피 한 잔이 아닌 여유로운 자연 속에서 마시는 커피 한 잔이 우리에게 좀 더 와 닿지 않을까 생각이 든다. 또, 공간을 둘러봤을 때 다른 카페들과 확실히 다른 점이 있었다. 그것은 테이블간의 간격이 내가 생각하는 카페와 확연히 차이가 났다. 테이블간의 간격이 가까워 이동이 불편하던 카페들과 달리 충분한 거리를 두고 자리 잡고 있어 공간의 전체적인 모습을 봤을 때 심적으로도 덩달아 여유가 생기는 것 같았다. 테라로사 내부는 전체적으로 큰 쇼윈도로 되어 외부의 자연광이 매장 안의 전체적인 조도를 잡고 있었고 곳곳에 스팟라이트, 팬던트라이트, 브래킷 등으로 부가적인 조도를 조절하고 있었다. 특이한 것은 2층의 한쪽에는 테이블마다 길고 얇은 창들이 나 있었는데 커피를 마실 때 자리에 상관없이 바깥의 자연을 볼 수 있게 한 것 같았다. 보통 창이 안 나 있는 자리가 있기 마련인데 이곳 모든 자리에서는 창밖을 볼 수 있게 되어 있었다. 그리고 천장에도 곳곳에 자연광이 들어오는 틈이 있어 정말 세심하게 신경을 쓴 공간이라는 것을 느낄 수 있었다. 테라로사의 가구들은 대부분이 철제 재질을 사용한 게 많았다. 철은 차갑고 딱딱한 느낌을 주어 테라로사의 감성과는 맞지 않는다는 생각을 잠시 했었다.

하지만 그 생각은 길게 가지 않고 금방 사라져버렸다. 따뜻한 우드 재질의 바닥재와 천장재, 드물게 있는 친숙한 가죽 소파와 나무 의자들이 균형을 잡아주고 있었고 곳곳에 식물들이 자연 속에 있는 것과 또 다르게 이곳에서 너무 잘 어우러지고 있었다. 2층에 있는 한 공간에는 긴 바 테이블과 스툴이 놓여 있었는데 여기 있는 모든 스툴이 동일하게 맞춘 한 가지 디자인이 아닌 제각기 다른 모습을 하고 있지만 그들이 어우러져 테라로사를 더욱 돋보이는 공간으로 만들었다. 공간에서 공간으로 이동하면서 어떤 가구들이 있는지 호기심을 가지며 걷다 보니 멀게만 느껴졌던 반대쪽 끝까지 어느새 도착해 있었다. 개성 있는 가구들을 살펴보는 것까지도 다소 큰 규모로 만들어진 공간의 지루함을 덜어준다. 촬영 중 들려오는 음악 소리에 몇 번이고 동작을 멈추고 듣게 되었는데 커피를 마시며 바깥의 경치를 바라보고, 어우러진 음악이 테라로사 커피와 공간을 오감으로 느껴지게 만들어줬다.

겨울의 나무

야외공간은 어떻게 되어있을까 하는 궁금증을 가지고 바깥으로 발길을 옮겨보았다. 테라로사가 현재 건물로 이전하기 전 사용했던 건물을 작은 다리 너머로 볼 수 있었고 자연 속에 조화롭게 놓인 테이블이 있었다. 화이트 컬러 톤의 우드 소재로 만든 테이블과 의자들은 숲속에서 커피를 마시는 듯한 느낌을 주고 있었다. 요즈음 카페라고 하면 고급스럽고 모던한 곳에서 커피를 마시며 즐기는 사람들이 많고, 야외공간은 카페의 루프탑을 확장해 운영하는 곳이 많다. 루프탑에서도 충족되지 않은 자연 속에서의 여유를 찾는다면 강릉의 밤나무들과 함께 하는 커피 한 잔을 추천하고 싶다.

커피를, 보다

테라로사 본점에서만 볼 수 있는 아주 특별한 것은 뮤지엄이 있다는 점이다. 뮤지엄 또한 김용덕 대표가 직접 계획하여 만들어졌다. 이 뮤지엄은 커피의 원재료인 원두의 재배부터 커피가 만들어지기까지, 시간의 흐름에 따라 커피의 생산과정을 세세하게 보여주고 있었다. 뮤지엄 투어를 시작하면서 처음으로 마주한 공간은 커피 강대국인 세 나라의 커피농장에서 원두를 직접 선별하여 여정을 떠나는 모습을 영상으로 담아 3면의 벽면에 보여주고 있었다. 이 공간에서 문을 닫았을 때 3평 남짓의 다소 협소한 공간이라 생각하였는데 그 공간 안에서 영상을 보니 오히려 몰입할 수 있었고 현실감 또한 느껴졌다. 영상 설명이 끝나고 영상이 투사된 벽면이 문이 되어 다음 공간으로 이동하였다. 본격적인 전시가 시작되는 공간으로 이동하면 커피 열매(커피 체리)가 커피 빈이 되기까지 품종, 질, 모양 등으로 비교된 설명들이 그림과 영상 등으로 표현되어 도슨트 설명과 함께 들으면서 커피 재배과정이 얼마나 많은 정성과 시간이 필요한지 느껴진다. 이곳에 있는 그림들은 일반 물감을 사용하지 않고 달걀노른자에 안료를 섞어 만든 물감으로 덧칠을 하는 표현기법(사실주의 그림을 그릴 때 사용하는 기법)을 사용해 그렸다고 한다. 농부가 커피 농장에서 커피 열매를 재배할 때까지의 노력과 이 그림을 그리는데 노력을 유사하여 선별했다고 한다. 테라로사 커피가 차별화된 품질의 원두임을 시각적으로 볼 수 있었다.

다음 공간으로 이동하면 품질 높은 원두를 비교할 수 있는 공간이 마련되어 있고 한 쪽에 비밀의 문(방문자들을 위해 스포일은 여기까지..)이 열리면 실제 테라로사에서 생산되는 원두가, 생두 상태에서부터 로스팅 되고 포장이 되는 과정을 투명하게 볼 수 있다. 이런 모든 과정을 당당하게 보여줌으로써 테라로사 커피의 신뢰도를 높이고 있다. 뮤지엄 안에서 제일 입을 다물지 못했던 것은 과거 프랑스 루이 14세 시대에서 사용했었던 수동 커피 그라인더 및 유럽 외 나라에서 수집한 엄청난 양의 그라인더들이 전시되어 있다. 시대적 배경과 각 나라의 커피문화를 엿볼 수 있는 그라인더를 보며 김용덕 대표의 커피 사랑을 한 번 더 느낄 수 있었다. 마지막은 작가와 협업하여 진행한 설치미술을 볼 수 있는데 작가가 테라로사의 커피를 마시고 느껴지는 것을 표현했다고 한다. 입안에서 느껴지는 다양한 풍미를 다채로운 색상의 고무 리본으로 표현한 작품은 뮤지엄의 한 길목에 당당히 자리 잡고 있다. 설치미술작품 사이사이로 지나치며 작가가 상상한 커피 맛에 대해 상상해 보았다. 사실 오감을 시각적으로 표현한다는 것이 한계가 있지만 너무 과하지 않고 무심하지만 계획적으로 표현된 작품이 설득력 있었다. 투어의 마지막으로 닿으면 각기 다른 나라의 원두별로 커피 테이스팅을 할 수는 공간이 마련되어 있다. 공간은 큰 영화관처럼 계단 형식의 휴식공간과 커피의 재배과정을 다시 한 번 볼 수 있 큰 스크린이 있고, 그 주변으로 갖가지 오브제들이 반복적으로 커피 뮤지엄이라는 것을 상기시켰다.
커피 테이스팅을 마치고 계단에 앉아 도슨트 설명을 곱씹으며 맛으로, 눈으로 커피를 음미했다.
이렇게 뮤지엄 투어를 끝내고 나오면 테라로사의 레스토랑의 비밀 정원으로 동선이 연결되게 된다. 바로, 레스토랑과 연결된 브리지 공간(연결 공간) 이었다. 온실로 만들어진 공간에는 체리나무(커피 열매 나무) 묘목들이 심어져 있다. 공간의 중앙에는 화이트 패브릭이 덮인 테이블이 일렬도 있고, 한 쪽은 철제 의자로 다른 쪽은 화단의 경계벽이 곧 의자(벤치) 역할을 하고 있다. 협소하고 번잡한 공간의 요소를 가구(테이블의 의자)로 이용함으로써 공간 하나하나 낭비되지 않았다. 온실을 지나 레스토랑의 내부로 들어오면 작은 육각형의 타일로 고급스러운 펜던트 라이트와 깔끔한 테이블 세트가 이국적인 공간을 연출한다. 마치 프랑스의 동네 식당을 연상시켰다. 테이블마다 생화가 꽂혀있는 꽃병과 쇼윈도 창 너머로는 카페에서 보이는 외부테라스와 달리 또 다른 정원을 품고 있다. 주방은 골드빛 메탈소재로 키친과 다이닝의 경계의 서빙바를 만들어 고급스러운 레스토랑의 이미지를 만들었는데, 반면 가구들은 화이트의 테이블과 강의실에서 흔히 볼 수 있는 얇은 철제프레임의 우드 체어들로 구성되어 있어 아쉬웠다. 차라리 커피공간에서 봤던 각자 개성이 있는 의자들이 있었더라면 공간끼리 소통하는 느낌이 들었을 것 같다.

– 밤나무 숲속 커피공장, 숨 쉬고 있는 테라로사 커피에서

PROBAT

"커피(커피 체리)는 농산물 입니다."

테라 박물관 이현주 이사

CONVERSATION **TERAROSA COFFEE MUSEUM**

테라로사 뮤지엄에 있는 공장들은 측면 상부에서 유리창 너머로 관람할 수 있게 되어 있는데, 핵심적인 카페의 공장을 개방하신 이유는 무엇인가요?

테라로사 뮤지엄은 테라로사 커피 공장의 산업 시설을 기반으로 합니다. 단순히 소장품을 전시하는 게 아니라, '커피 로드'가 주제가 되어 관람객이 '현재진행형'의 커피를 만나볼 수 있도록 하기 위함입니다. 거대한 생두 창고와 로스팅 공장, 기획 전시 공간을 지나는 동안 관람객에게 한 알의 커피 씨앗이 품은 우주가 어떻게 그 맛의 세계를 펼쳐내는 것인지 보여주고 싶었습니다. 다만, 위생이 중요한 식품 제조 시설인 만큼 2층 회랑을 따라 관람할 수 있도록 계획했습니다.

뮤지엄 내부에 있는 설치미술은 디자이너분과 어떤 방식으로 협업을 진행하셨나요?

커피는 와인처럼 고유한 '미식'의 세계를 갖고 있습니다. 그런가 하면 기후에 큰 영향을 받는 농산물이기도 하고 세계적으로 석유 다음으로 교역량이 많아 뉴스에 자주 오르내리는 이슈 메이커이기도 합니다. 이런 커피의 다양한 면모를 효과적으로 드러내기 위해 여러 작가와 협업을 했습니다. 커피의 역사를 흥미롭게 풀어주는 애니메이션 작품도 있고 고전적인 *템페라 기법으로 그린 커피 세밀화부터 로스팅 공장 한 쪽 벽을 채운 벽화까지 다양한 작품을 시도했습니다. 특히 와이어 설치 미술로 유명한 손몽주 작가의 작품이 많은 분들에게 깊은 인상을 남기는 것 같습니다. 그분께는 테라로사 커피에서 연상되는 것들을 표현해달라 했었고, 고무 밴드를 여러 개의 선과 색이 겹치도록 설치하여 커피가 지닌 다채로운 플레이버를 새롭게 보여주었지요. 또 한 가지, 특정 작가가 만든 것은 아니지만 '커피 사운드'도 재미있습니다. 회랑을 지나는 동안 어느 지점에 서면 산지에서 부르는 노동요, 기계로 수확하는 소리, 커퍼들이 커피를 흡입하는 소리 등을 듣게 되는데, 이런 건 현장이 만들어낸 작품이라고 할 수 있지요.

뮤지엄의 공간은 시간상의 흐름에 알맞게 구획되어있고, '문이 벽, 벽이 문' 으로 구성되어있는 공간이 있는데 어떤 식으로 공간 구획을 진행하셨나요?

테라로사 뮤지엄은 안과 밖 어디에도 단선적인 경험은 없습니다. 전시 공간은 긴 회랑에서 널찍한 메인 전시실과 영상실을 넘나들며 이어지는데, 특히 박물관 초입의 36m에 이르는 좁고 긴 회랑에 변주를 주어 관람객이 커피 로드를 보다 공감각적으로 걸을 수 있기를 바랐습니다.

뮤지엄 내부에 전시되어 있는 큰 기계들은 그 자리에 사용했던 것인지 전시를 위해 옮긴 것인지 궁금합니다.

테라로사 뮤지엄에는 1700년 이전의 목재 커피밀이나 초창기 아이언 볼 로스터기 등 희소성 있는 유물부터 1900년대 초중반에 제작된 대형 로스터기까지 200여 점 이상이 전시되어 있습니다. 유럽과 미국을 넘나드는 커피 앤티크를 통해 유럽 절대주의 시대부터 산업혁명, 20세기 초 기계시대에 이르기까지 산업과 소비문화의 면면을 읽을 수 있는 재미가 있습니다. 커피는 본래 이슬람권 음료로 시작해 유럽으로 넘어왔습니다. 유럽 궁정과 귀족의 커피에 대한 취향은 수공예 장인들에 의해 섬세한 디자인적 요소로 발전했습니다. 그에 비해 미국은 커피가 처음부터 대중적인 음료로 자리 잡았기 때문에 커피 주변 기기가 실용적인 디자인과 대량생산에 용이한 방향으로 발전했고요. 이처럼 커피 앤티크는 커피를 둘러싼 이야기를 재미있게 풀어주는 도구가 되어줍니다. 테라로사 커피 공장의 갖가지 최신 설비와 한 공간에 놓임으로써 그 대비는 더욱 커지고요.

뮤지엄 내부는 아주 잘 되어있다고 생각하는데, 수도권 테라로사에 뮤지엄을 오픈할 계획은 없으신가요?

동일한 콘셉트의 공간을 수도권에 추가로 오픈할 계획은 없습니다. 수도권에 새로운 공간을 내게 된다면, 그곳은 또 다른 커피 이야기를 들려줄 수 있어야겠지요.

* 템페라 기법 _ 달걀 노른자와 아교를 섞은 불투명 안료인 템페라를 사용하는 화법을 말한다.

착각을 불러일으키는 공간,

한 공간에서 두 가지 향기를 품은 공간

2019.01.15-2019.03.31
서울 마포구 동교로29길 34 연남방앗간
장 공장 공장장
주문서 order sheet

연남방앗간

'연트럴파크'라 불리는 경의선 숲길을 걷다 보면 고즈넉한 주택을 볼 수 있다. 나무와 잎들로 입구가 만들어져 '센과 치히로'에서 본 듯, 일상과 다른 새로운 공간으로 떠나는 기분이 든다. 재래시장 방앗간에서 들리던 고춧가루 빻는 기계의 굉음이나 고소한 참깨를 볶는 냄새는 나지 않지만 커피 향이 있는 이곳은 '연남방앗간'입니다.

감성을 기록하다

"전통시장, 옛 손길이 묻어 있는 공간들이 사라지고 있다."

편안함에 익숙한 우리가 등을 돌린 몇몇 공간 중 하나가 바로 전통시장 아닐까 생각한다. 교통의 편의성, 대형마트의 할인율 그리고 '세련됨'이 부족하다는 이유로 점점 전통시장을 찾는 이들이 줄어들고 있다. 그러면서도 우리는 레트로 감성에 목말라하며 7080시대의 소재를 활용하여 인테리어를 한 식음 매장이나 상업공간들을 찾아다닌다. 이 얼마나 큰 모순인가? 공간의 콘텐츠 본연의 색을 충실하게 지키며 레트로 감성을 접목시킨다기 보다는 단순하게 '오래된 것이 그리운 요즘의 감성'에만 귀를 기울인 케이스들도 많이 보인다. 하지만 연남방앗간은 사라지는 공간을 재생시키며 너무나 지극히 일상적인 콘텐츠를 특별하게 공간에 풀어낸 의젓한 공간이다.

연남방앗간은 이름처럼 방앗간에서 우리가 가장 흔하게 살 수 있는 참기름을 판매하기도 하고 참기름 병들을 곳곳에 두어 오브제로 활용, 그 이름에 맞는 아이덴티티를 확립했다. 참기름의 고소한 냄새와 커피의 씁쓸하면서 깊은 향은 대비되는 느낌이 있지만 다시 한번 숨을 들이마시면 그 두 가지의 강한 향기가 조화를 이루어 맡아 본 적 있는 듯 없는 듯한 오묘한 향기를 이룬다. 참기름은 누가 짜는가에 따라 맛이 달라진다고 한다. 커피도 마찬가지로 누가 커피를 추출하는가에 따라 그 향과 맛이 좌우된다. 나름의 공통분모 아닐까? 연남방앗간에는 다양한 사람이 짠 참기름을 만나 볼 수 있다.

연남방앗간, 누군가의 공간

연남방앗간에서는 연남방앗간에서만 볼 수 있는 특이한 공간이 있다. 누군가의 작업실, 누군가의 식탁, 누군가의 책방. 여기서 누군가는 자신이 될 수도 있으며, 다른 창작자가 될 수도 있다. 연남방앗간의 '누군가의 OO'은 자신의 작품을 보여주고 싶은 창작자들에게 열린 공간이며 커피를 팔고 참기름을 판매하는 공간보다는 커뮤니티 스페이스, 즉 다양한 직업의 사람들, 동네 주민, 작가들 혹은 그냥 오가는 사람들 누구든 연남방앗간에서 이야기를 나누고 취향이 맞는 사람들끼리 작업을 하고 전시를 하고, 다양한 활동을 할 수 있도록 도와주는 공간이다. 일종의 '콘텐츠 쉐어 공간'이라고 정의할 수 있다. 어떤 공간으로 이루어져 있고 어떻게 이용하고 있는지 하나하나 들여다보자.

자연스러움, 연남방앗간

연남방앗간에 들어서면 짙은 체리 색으로 꾸며진 공간에 들어서게 된다. 언제부턴가 콘크리트와 유리를 사용해 거친 인더스트리얼 인테리어를 자주 볼 수 있다. 하지만 연남방앗간은 짙은 체리 색의 나무가 주는 색감과 나무 질감을 이용해 우리나라 고유의 고즈넉한 빈티지함를 연출한다. 시골집에 가면 촌스럽게 느껴지는 체리 색을 공간 전체에 사용해 어릴 적 무심하고 익숙하게 보고 자란, 하지만 잊혀 가던 감성을 깨워주는 공간으로 구성됐다. 이 짙은 체리 색의 나무만 사용해 공간을 구성했다면 분명 어둡고 답답하고, 무겁기만 한 공간이었을 테지만, 천장에 노출된 콘크리트와 회벽 돌은 자칫 답답한 공간에 개방감을 주어 공간에 숨을 트여준 느낌을 받는다. 또한 시멘트, 벽돌과 대비되는 나무의 물성, 질감을 이용해 뻔하지 않게 올드 한 느낌을 우리에게 선물해 준다. 방앗간이라는 공간은 사라져 가고 없어져 가는, 찾기 힘든 공간, 시골의 슈퍼집 옆이나 도심의 전통시장에 가야만 찾을 수 있는 상점이라는 생각이 만연한 지금 우리에게, 연남방앗간의 공간 구성은 잊혀질 수 있는 상업공간을 집이라는 친숙한 공간과 버무려 엄마나 할머니만 찾는 공간이 아닌 우리에게 익숙하고 기분 좋은 참기름과 커피의 향으로 풀어낸 공간이다.

익숙함과 새로움

각 공간에 들어가 차를 마시며 천천히 공간을 둘러보다 보면 익숙하지만 새롭게 사용되는 가구들이 있다. 예를 들어 자개장의 문을 분리해 누군가의 작품을 파는 진열대의 역할을 부여하기도 하며, 분리해낸 문을 천장에 사용해 대범한 연출을 시도하기도 했다.

지상층 대부분 가구는 TON Chair처럼 벤트우드를 사용한 가구가 익숙하게 다가온다. 하지만 지하 공간으로 내려간다면 벨벳 소재의 소파를 볼 수 있듯 가구도 똑같은 재료, 똑같은 형태의 의자만 사용한 것이 아니라 대비되는 소재의 가구를 사용해 전혀 평범하지 않은 공간을 연출하기도 하였다.

지하 공간은 지상 1, 2층처럼 개방되어 있는 공간은 아니다. 창작자로서 작품 전시를 기획을 위해 이야기를 하다 보면 오롯이 그들을 위한 공간이 필요하기도 하다. 지하층의 공간은 그런 사람들을 위해 섹션이 나누어진 프라이빗 한 공간으로 이루어져 있고, 흐린 날의 조도인 100lx보다 낮고 적은 수량의 Spot light를 사용해 적당히 어두운 공간을 만들어냈다. 어두운 공간에서는 서로 대화에 집중할 수 있게 도와주며 공간이 향기를 머금을 수 있도록 만들어 주기도 한다. 지하 공간에서 향긋한 커피와 이야기를 하다 보면 시간 가는 줄 모르고 이야기를 나눌 것이 분명하다.

빛으로 채워주는 공간

1층의 메인 홀에는 큰 창이 자리 잡고 있다.
*100~150lx 정도 되는 듯한 실내 조도는 창에서 비추는 빛과 내부에서 만들어지는 그림자마저도 가지려는 듯 시간에 따라 그림자의 위치가 달라져 가는 것도 공간의 일부처럼 느껴진다. 그림자의 위치가 달라지며 빛을 받는 공간의 부분이 달라지고, 그때마다 달라지는 포커스 공간과 구역은 연남방앗간 안에서 느껴지는 감정과 이야기도 달라지게 만든다. 창은 2층에도 자리 잡아 2층에도 빛이 들지만, 1층과는 사뭇 다르게 뽀얗고 부스스한 빛의 느낌을 받는다.
부담스럽지 않은 밝기와 빛의 세기는 연남방앗간에 삼십 분 더, 한 시간 더 머물 수 있게 도와주는 중요한 요소처럼 느껴진다. 가끔 빛이 비쳐 반짝거리는 메인 홀의 거대한 샹들리에는 은은하게 빛을 반사해 전체적으로 공간의 조도를 잡아주는 역할을 한다. 시선을 사로잡아 빈티지한 감성이 풍부한 연남방앗간에 럭셔리한 볼 거리를 추가해 한가지 분위기만 느껴지는 공간에 풍부한 감정을 받도록 도와주는 역할을 한다.

* 100~150lx _주택의 거실, 서재 등에서 쓰이는 적정 빛의 밝기

구조가 주는 즐거움과 따듯함

연남방앗간은 오래된 주택의 구조를 그대로 사용하는 카페이다. 2층으로 올라가는 곡선형 계단은 흔히 볼 수 있는 직선의 계단과는 다른 장면을 연출해 준다. 곡선의 계단은 옆면에서 화려한 무늬를 볼 수 있는데 디자이너의 섬세함과 공간을 위하는 마음을 엿볼 수 있다. 작은 디테일 하나하나에 신경을 쓴 연남방앗간은 작은 요소 하나하나를 찾는 재미도 있다. 무심코 천장을 올려다보면 1층과 2층이 개방되어 높은 천장을 이루고 있는데 한 번 더 체리 색의 나무가 주는 답답함에 개방감을 느껴주게 하는 듯하다. 사각형 패턴의 천장은 초콜릿의 모양을 연상시켜 씁쓸한 커피를 마실 때 시선의 달콤함을 전달해 주기도 한다. 연남방앗간은 최근 미스터 선샤인에 나온 영상처럼 오래된 공간의 감성을 간직하지만, 색과 형태가 공간과 잘 어울려 2019년을 살아가는 요즘에도 뒤처지지 않는 세련됨이 보인다.

사랑방, 커피와 참기름

방앗간은 옛날부터 사랑방의 역할을 한다고 한다. 사람들이 모여 기름, 떡을 만들며 기다리는 동안 오순도순 이야기를 나누고 새로운 정보를 공유하고 그들의 시간을 함께한다. 어반플레이에서 기획한 연남방앗간은 사라져가는 방앗간을 재해석해 기능에도 충실하고 다른 역할을 부여해 유지되어야 하는 이유를 만들고 있다. 무작정 사라져 가는 것과 전통을 살려야 한다는 이유로 유지하는 것보단, 연남방앗간처럼 보존되어야 하는 새로운 이유를 만들고 기능을 유지하며 많은 사람이 함께하여 계속 찾게 되는 공간으로 만들어진다면 시대의 변화에 맞춰 보존되는 전통이 아닐까 생각해 본다. 이처럼 공간이 가진 아이덴티티는 빼놓을 수 없도록 중요하다는 생각이 든다. 몇 달이 지나고 몇 년이 지난들 정체성을 가진 공간이 유치하고 촌스럽단 느낌을 줄 수 있을까? 혼자만 좋은 공간보다 서로의 상호작용을 유도하고 의미 있는 공간은 더 오래 유지될 수 있을 것이다.

따로, 또 같이 있는 연남방앗간은 언제나 당신을 환영한다.

CONVERSATION

WITH

어반플레이_연남방앗간

지금 선택한 장소의 매력과 지역이 주는 특성은 무엇인가요?

연남동 경의선숲길 근처에 몇 없는 잘 보존된 단독주택이었습니다. 게다가 집주인께서 오랫동안 거주하셨던 곳이기 때문인지 공간이 정갈하게 유지되어왔다는 인상이 강했어요. 그래서 자개장, 책장, 항아리 등 일상적인 소품을 그대로 받아서 활용하였고, 그런 요소에서 느껴지는 시간의 깊이가 매력적인 것 같습니다. 그리고 연남동은 소위 뜨는 동네이지만, 다른 한편으로 여전히 주택과 아파트가 많아 일상이 살아 숨 쉬는 동네이기도 합니다. 그중에서도 경의선숲길 주변은 주민과 방문객 모두가 산책하며 여유를 즐기는 곳이죠. 그런 관점에서 커뮤니티 공간을 지향하는 연남방앗간에게 이곳은 최적의 입지였습니다.

방앗간이라는 공간을 만든 이유가 있을까요?

동네에서 사라져가는 공간에 대한 재해석을 시도해보고 싶었습니다. 연남방앗간의 운영사인 어반플레이는 도시 관련 콘텐츠를 만드는 회사인데요. 동네 콘텐츠의 잠재 가치를 널리 알리는 미디어 프로젝트인 '아는동네' 프로젝트를 전개하고 있습니다. 연남방앗간은 바로 그 아는동네 프로젝트의 첫 번째 공간 프로젝트였죠. 예로부터 방앗간은 동네의 사랑방 역할을 해왔는데 그런 기능을 현대적으로 재해석해서 사람들이 찾아올 수 있는 공간으로 만들어보고자 했습니다.

방앗간의 어떤 기능이 그런 커뮤니티를 형성할 수 있게 하는 걸까요?

연남방앗간에서는 이름 그대로 전통시장 장인들과 협업하여 만든 고품질의 참기름을 판매하기도 하고, 참깨나 국산 곡물을 활용한 메뉴를 개발하기도 합니다. 이와 같은 고유한 메뉴 구성은 상생이라는 가치를 달성할 수 있게 하는 것은 물론이고 연남방앗간에 다른 식음료 공간과 구분되는 개성을 부여하여 많은 이들이 찾아오게 합니다. 그리고 디자이너와 예술가의 작품을 전시하여 대중이 콘텐츠 창작자를 쉽게 만날 수 있도록 접점을 마련하기도 합니다. 이는 단순한 음료 및 상품 소비 공간이 아닌 경험을 제공하는 공간이라는 측면에서 커뮤니티를 형성하는 원동력이 되고 있습니다.

'누군가'란 무엇을 의미하며 그 사람들이 어떤 행동을 하길 원하나요?

'누군가'란 표현에는 디자이너, 일러스트레이터, 작가 등 지역에서 활동하는 로컬 크리에이터와 대중, 소상공인이 모두 포함됩니다. 연남방앗간 내 각각의 방을 시즌마다 서로 다른 창작자들이 개성을 담아 꾸미고 콘텐츠를 소개하는 전시를 진행합니다. 소규모 콘텐츠는 대기업, 대규모 자본에 비해 힘이 약하거든요. 그러므로 더욱 많은 이들이 소규모 지역 기반 콘텐츠의 매력과 가치를 인지하고, 창작자들은 이에 힘을 얻어 더욱 왕성한 활동에 매진할 수 있길 바랍니다.

어떤 공간과 분위기를 연출하려 했는지 궁금합니다.

40년 전 지어진 가옥의 모습을 최대한 그대로 보존하는 데 집중했습니다. 나무 에어컨, 벽지, 자개장, 전등, 계단 등을 최대한 보존하면서 샹들리에를 비롯하여 고풍스런 감성을 극대화할 수 있는 소품을 더해 부분적으로 손봤습니다. 오래된 공간만이 가질 수 있는 일종의 중후함이랄까요? 그건 시간이 쌓여야만 드러날 수 있는 느낌이기 때문에 이를 해치지 않는 공간 연출을 위해 노력했습니다.

구성부터 진열까지 어떤 방식으로 진행되는지 궁금합니다.

앞서 언급했듯이 운영사 어반플레이가 지역 콘텐츠를 기획하는 기업이다 보니 자체 프로젝트를 반영하여 프로그램이나 상품을 구성하고 선보입니다. 대체로 식음료 상품 기획은 전통시장 도슨트이자 참기름 소믈리에였던 분이 디렉터로 합류하여 진행하고 있습니다. 여기에 어반플레이 소속 디자이너들이 상품 관련 디자인 전반을 직접 관리하고 있죠. 타사의 상품을 선별하고 진열하는 것 역시도 어반플레이 내 큐레이션 유닛에서 직접 담당합니다. 상품이 지역의 가치를 제대로 반영하고 있는지, 그리고 디자인이나 기획, 구성의 관점에서 콘텐츠적 가치를 지니고 있는지 등을 복합적으로 살펴봅니다. 창작자를 초빙하고 전시를 진행하는 것 역시도 마찬가지 프로세스를 통해 진행하고 있습니다.

다른 커뮤니티 스페이스를 소개한다면?

합정동에 있는 '취향관'을 소개하고 싶습니다. 최근 어반플레이에서 발간한 〈아는도시〉란 단행본에서도 소개되었는데요. 경계 없이 자유롭게 대화하고 교류할 수 있도록 유도하는 커뮤니티 구성 방식이 인상적인 곳입니다. 특히 최근 부각되고 있는 커뮤니티 문화에서 '취향'에 기반하는 흐름이 두드러지는데요. 취향관은 이를 선도하는 공간 중 하나입니다.

어반플레이가 추구하는 디자인과 어반플레이의 아이덴티티를 알려주세요.

콘텐츠라는 것은 여러 방식을 통해 다양한 결과물로 일반인에게 보여진다고 생각합니다. 그렇기 때문에 어반플레이가 추구하는 디자인은 얼마나 효과적으로 창작자들의 콘텐츠를 표현하고 소개하는가에 대한 고민으로 시작합니다. 그들의 콘텐츠가 만들어지기까지, 창작자들이 쌓아온 스토리에 집중하고 그 스토리에서 시각적인 요소와 내용적인 요소를 조합하는 프로세스를 어반플레이의 디자인이라고 볼 수 있습니다. 즉 창작자의 스토리와 그들과의 협업이 어반플레이의 아이덴티티라고 말할 수 있습니다.

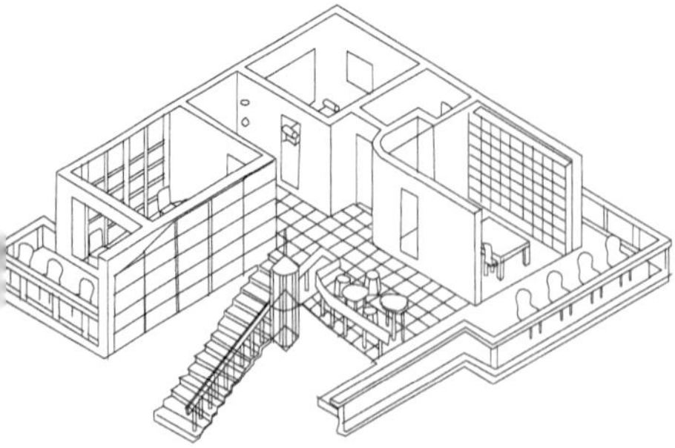
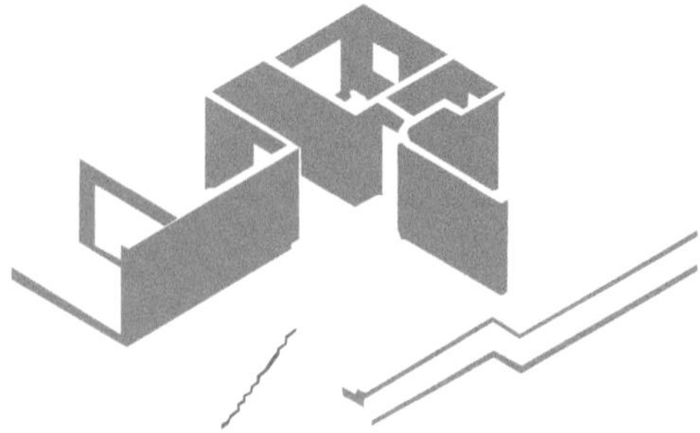
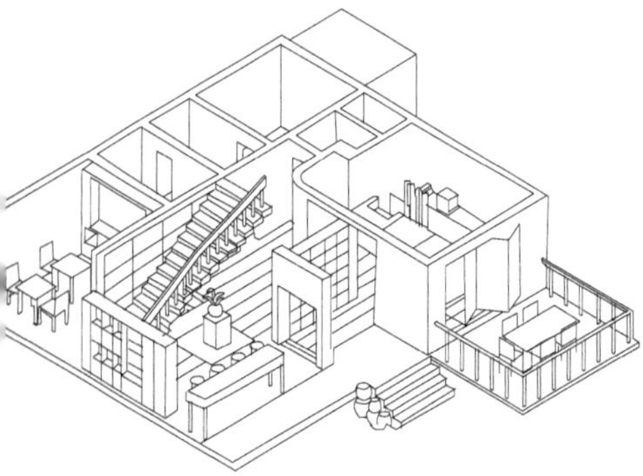
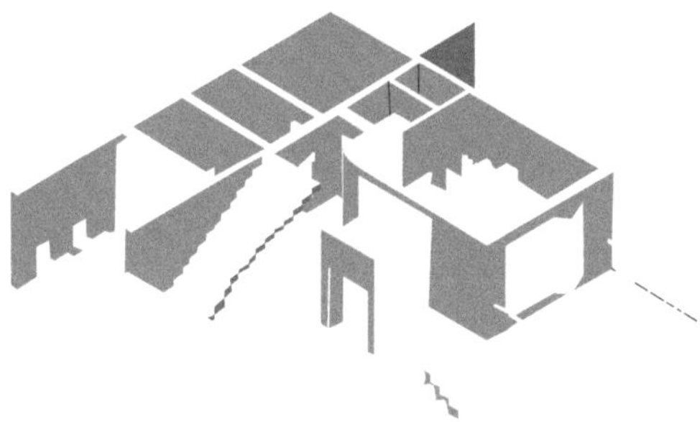
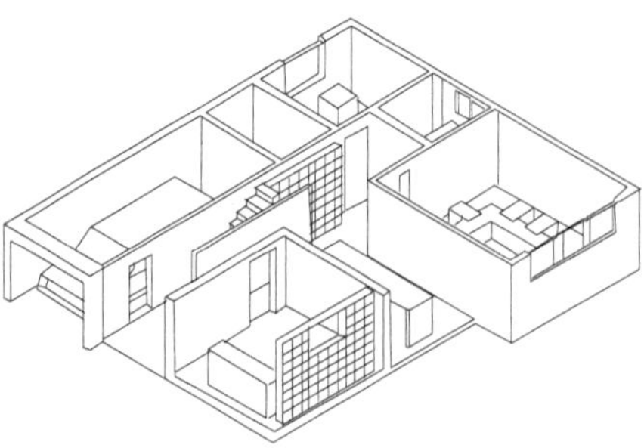
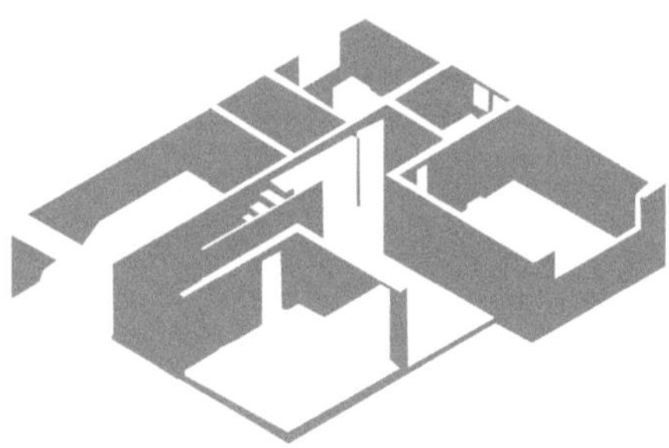

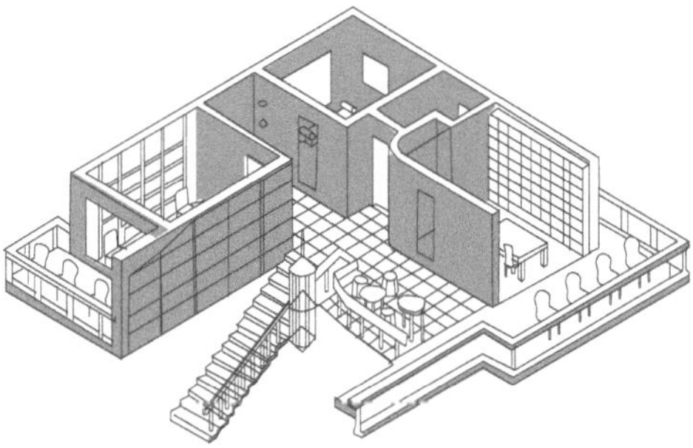
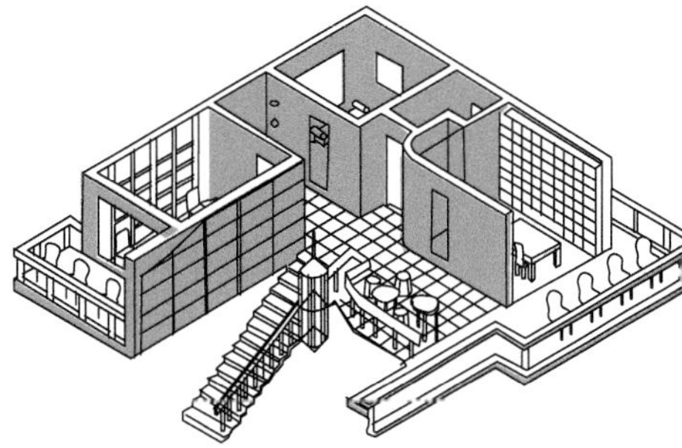
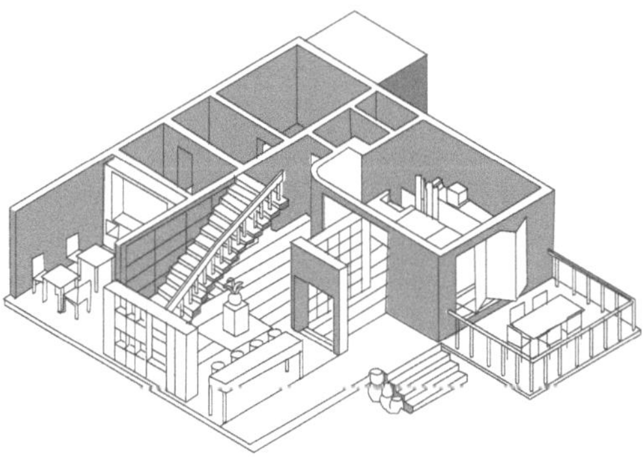
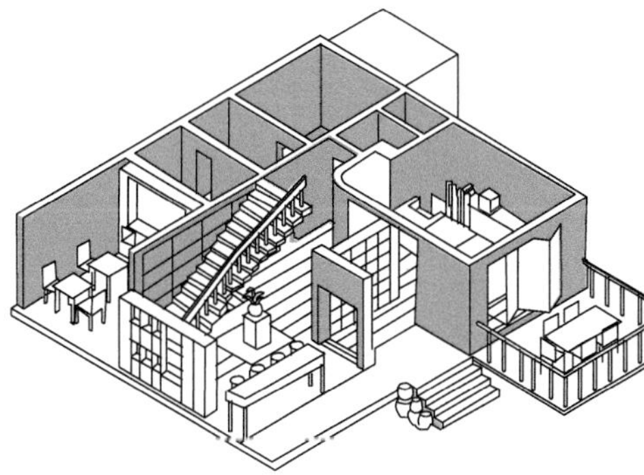
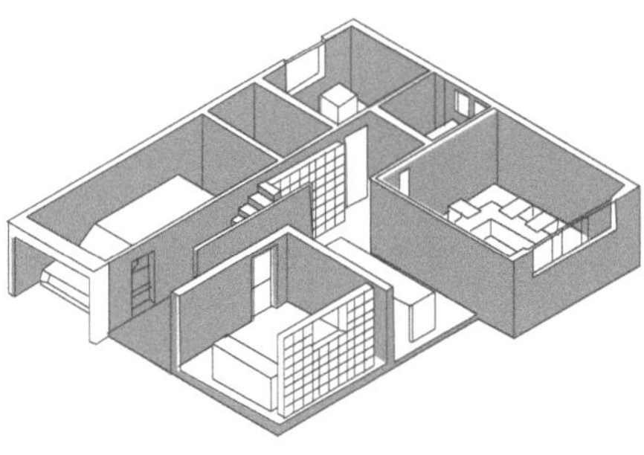
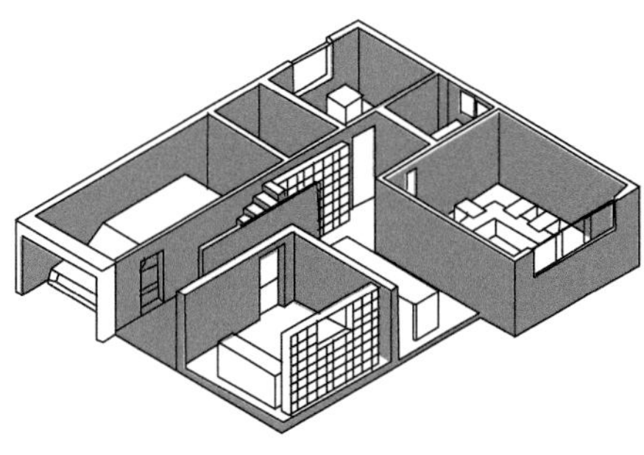

agnès b. Lifestyle here!!

agnès b. Café

© Text Photo Edit by JANE

agnès b.
RUE DE MARSEILLE

홍콩은 아시아권에서 브랜드의 다양한 공간을 만나볼 수 있는 나라이다. 물론 새로운 스타일의 공간은 일본이나 태국에서 많이 보이지만 홍콩은 유럽의 뿌리가 있는 나라인 만큼 라이프스타일도 역시 유럽의 스타일을 많이 엿볼 수 있다. 그만큼 리테일 브랜드에서 선보이는 카페가 다양하게 자리하고 있는데 그중에서 가장 눈에 들어오는, 요즘 우리가 흔히 말하는 "라이프스타일숍! 복합문화공간" 바로 이 브랜드의 공간을 보고 말하는 것 같다.

agne's b는 프랑스 브랜드로 프랑스사람들의 단정하면서도 멋스러운 하지만 과하지 않은 프랑스 클래식을 고수하는 브랜드이다. 공간에서도 브랜드의 아이덴티티가 확실하게 보였다. K11 Art Mall에 위치한 agne's b라이프스타일 플래그십스토어에는 크게 4가지 공간으로 나누어 생각할 수 있다.

첫 번째 1층 공간은 바로 "boutique"이다! 이곳에는 agnès b.의 의류제품, 액세서리가 있다. 전체적인 공간의 느낌은 옷들이 빼곡히 진열된 꽉 찬 느낌은 아니나 프랑스 사람들의 여유로운 생활이 상상이 될 법한 여백의 잘 활용한 공간이다. 외부에서 매장으로 유입되면 매장의 규모만큼이나 넉넉하고 시원한 크기의 도어와 도입부 같은 느낌의 초입은 3계단을 내려가야 비로소 숍 플로어에 도달하게 만들어져있다. 마치 매장에 들어서서 우리 공간을 잠깐 감상이라도 하라는 양 준비된 스테이지 같다.

낡은 나무바닥의 도입부와 다르게 마감된 바닥은 프랑스의 오래된 식당에서 볼 법한 다이아몬드 패턴이었고, 고즈넉한 양탄자와 앤틱한 1인용 가죽 소파들이 군데군데 놓여져 있었다. 전체 공간은, 우리피부톤을 2로 봤을때 4정도의 채도를 가지고 있다. 중앙의 악세서리를 위한 쇼케이스집기의 나무는 세월이 느껴지게 발색 된 카라멜색의 우드와 유리로 만들어진, 빈티지샵에서 흔하게 볼 법한 느낌의 가구로 디자인 되어있다.
행거들을 살펴보다 조금 아쉬웠던건 무광의 각파이프로 만들어져 아쉬웠다. 사실 이렇게 빈티지한 공간은 무게감이 강하게 느껴지거나 거친 느낌의 파이프를 사용하였더라면 조금더 단단한 느낌의 공간이 완성 되었을 것인데 말이다.

거대한 철물 프레임과 우드 바닥이 연결되는 계단을 따라 2층으로 올라가 보면 4가지 공간이 기다리고 있다!
첫 번째 공간은 계단면을 둘러싼 공간인데, 70년대 때부터 수집했던, 우리나라 낙원상가 지하에서 볼 법한 레코드들이 허리춤 높이의 박스 형태로 된 우드 진열대에 라벨지가 빼꼼히 올라온 전형적인 레코드 진열대를 볼 수 있다. 사실, 벽장으로 진열돼서 책처럼 꺼낼 수 있도록 해도 되지만 이처럼 허리춤 높이에 적재와 진열을 동시에 하면서 시선을 위로 올렸을 때는 최신곡의 레코드판을 페이스 아웃(face-out) 방식으로 진열함으로써 레코드판의 커버가 멀리 서는 액자 효과처럼 연출할 수 있다.
그렇게 레코드를 따라가다 보면 1층과는 다른 느낌의 옷들과 액세서리들이 준비된 두 번째 공간을 만날 수 있다. 다소 캐주얼한 감성의 옷들이 행거들에 진열되어 있고 아래층에서 봤던 쇼케이스로 간의 벽을 이루고, 3인용 가죽 소파와 티테이블이 안 쪽에 준비되어 있다. 작은 공간이지만 고객의 휴식공간 혹은 선물 포장을 기다리는 웨이팅 공간의 역할을 톡톡히 하고 있다. 사실 멀리서 빈티지한 쇼케이스를 봤을 때는 너무 어색한 위치에 있다고 생각했는데 가까이 다가가 쇼케이스 너머로 만들어진 공간을 보고는 "그래 여기가 딱 맞지" 했다. 마치 레코드 공간과 공간을 한 번 분리해 주는 역할을 하면서 앞쪽에 계산대와의 거리와 위치가 정확히 맞아 떨어졌다!
옷들을 무심하게 살펴보다가 만난 공간은 "agne's fleuriste", 바로 꽃과 초콜릿이 있는 세 번째 공간이다.
꽃과 초콜릿은 사랑하는 사람에게 선물을 해야 할 것 같다는 생각이 들 정도로 향기 가득 다양한 꽃과 보기만 해도 기분이 좋아지는 초콜릿과 디저트들이 유리 쇼케이스에 있다.

Le café agnès b. coffee bean

시다모 지역의 에티오피아 커피 콩이 섞여 있으며, 습식 선체한 수마트란 커피가 섞여 있는 과테말라 커피가 엄격하게 재배되었습니다.

복잡성과 단맛을 위해 설계된 커피 블렌드는 가벼운 코코아 마감재의 견과류와, 과일 산도 및 꽃 내음이 있다.

사회적으로 책임 있고 환경 친화적인 "le café agnès b"는 Rainforest Alliance, Fairtrade 및 Organic 인증을 받았으며 재배자에게 지속 가능한 재배 및 생계를 지속하기 위한 가격을 보장합니다.

agnès b. CAFÉ @ RUE DE MARSEILLE

K11 Art Mall의 라이프 스타일 플래그십스토어2 층에 위치해 있습니다. CAFÉ @ RUE DE MARSEILLE는 쇼핑 할 때 반드시 힘을 실어주는 독특한 요리 경험을 제공합니다.

이 메뉴는 풍성한 아침 식사, 햄버거, 프랑스 거리 갈레트 및 르 크루 세 (LE CREUSET)의 전통 요리, 블렌드 커피, 마리아쥬 프레이어 차, 신선한 과일 주스 또는 프랑스 와인과 함께하는 모든 종류의 맛있는 식사를 제공합니다.

"감성 사러 갑니다"

Prologue 02

우리에게
음악은 젓가락옆에 숫가락이 오는
것처럼 너무나 당연하고 자연스럽게 그리고 가까이서 늘
함께 하는 소스 중 하나로 공존한다고해도 과언이 아닙니다. 예를
들면 출근이나 통학길 집을 나서는 순간 자연스럽게 꽂는 이어폰이나 장시간
여행을 가면서, 아니면 즐거운 파티나 행사에도 음악이 빠진다면 허전 할 만큼 우
리들 가까이에 있습니다. 생각해보면 우리가 하룻동안 방문하는 모든 공간에는 음악
이 있습니다. 집 앞 편의점, 버스안, 카페, 상점들 심지어 핸드폰 연결음까지도 우리는
음악과 가까이에 살고 있습니다. 이렇게 너무 가까운 음악을 BGM이 아닌 대놓고 감상 하거나
사거나 즐기는 공간이 생겨나기 도 합니다. 요즘 여러분은 어떤 음악을 찾으러 가고 계신가 요?
그 공간에는 음악이 그저 BGM이 아닌 어떠한 형태로 자리 하고 있을까요? 음악을 듣는 방법도 또
한 여러가지 인 것 같습니다. 예를들면 7080시대의 감성을 불러일으키는 레코드 카페 라던지 음악을 연주
하는 공간이 있는 카페나, 바 그리고 음악을 감상하는 아주 프라이빗 한 공간도 있습니 다. 제가 생각하는 음악
의 공간은 그저 단순한 책 꽂이 같은 진열장에 빼곡하게 진열 된 레코드 들이나 중앙집기의 진열대 에 빼곡하게 진
열 된 플라스틱 상자안의 CD들이 가장 먼저 떠오릅 니다. 사실 음악이라는 소스는 우리의 직접 볼 수 없기 때문에
비쥬얼적으 로 표현하는 한계가 분명이 있다고 생각 합니다 음파 장을 눈으로 볼 수 없
기 때문에 그 떨림 을 표현하는 곡신적인 요소나 음악을 집중하게 만드는 조명
의 조도 혹은 거대한 대형 스피커로 음악의 웅장함을 대변하기도 하는데요
때로는 그 요소들이 음악을 체 표현하지 못하고 그저 멈춰진 순간의 한 장면처럼
느껴지기도 합니다. 그나마 음식은 사진 으로 담아내는 색감이나 플레이팅이 그 맛을 직접
먹어 본 것보다 더 맛있게 표현되기도 합니다만 음악은 언어적인 설명으로는 그 선율 이나
감성을100% 온전하게 고객에게 전달하기 어 려운 요소중에 하나입니다. 그렇다고 해서
우리가 생활하는 일상 속에서 음악을 빼버릴 수 있을까요? 미국의 어느 브랜드에서는 음악을
그들의 의류를 대변하는 요소로써 적절하게 사용 된 사례가 있습니다. 이 음악이 가까 워진다
싶으면 어김없이 그 브랜드가 50미터 전방에 서를 기다리고 있을만큼 아이코닉한 음악들을 선별
하여 매장내 에서든 브랜드의 홈페이지에서든 동일 하게 연결되어진 사례가 있습니다. 미술전시만
해도 음악을 아주 적절하고 적합하게 활용하고 있는 장소의 예라고 할 수 있는데요 몽황적인 표현의 극대화를 조명의
색감으로 채 워지지 못한 부분까지 물 떨어지는 소리 울림 등으로 뒷받침 해주기도 합니다. 그렇다면 음악은 비쥬얼로
표 현이 안 되는 것일까요? 꼭 그렇지만은 않을 것 같습니다. 예를들면 제가 최근에 가게된 곳은 음악과는 전혀
상관없는 장소 였는데 인테리어와 소품이 마치 시간 기차를 타고 르네상스시대의 유럽 어딘가 의 카페에 들어온
것 같은 분위기를 연출한 공간이었습니다. 바닥이며 벽, 천정까지 마감 된 우드와 몰딩들은 "미드나잇 인
파리(Midnight in Paris)"의 주인공들이 즐겨 찾던 재 즈바 처럼 인테리어 되어있었습니다. VMD소품들
역시 그 공간을 극대화 해 주듯 벽에는 오래된 낡은 바팔, 그리고 턴테이블 그리고 조각조각 깨지
거나 지금은 구할 수 없는 레코드들로 장식되어 있었습니다. 당연 흘러나오는 음악은 잔잔한
피아노 선율의 재즈 였고요. 물론 그 공간에 꼭 음악이 흘러서만이 재즈카페로 정의 할 수
있는것 아니라고 생각했습 니다. 그 때 그 카페처럼 공간이 음악을 대변해주는
공간들도 있습니다.
그렇다면 반대로 음악을 즐기는 다양한 방법을 만들어 가는
공간들은 어떠한 형태로 기획되고 표현되었을까요?
음악, 눈으로 보여드리겠습니다.

EDITION 4

겟올라잇

베토벤하우스

슈발츠발트

사이드노트클럽

SKETCH

© **Editor** Yoon **Text** Jane . Hyebby **Photo** Beau . Yoon . Emma . Christa . Hyebby

EPISODE 1

GET ALL RIGHT

청담 / 해운대

GET ALL RIGHT

청담

Get All Right!!

일주일에 가장 힘든 날이 언제인가요?
우리가 입버릇처럼 말하는 "월요병"에 시달리고 있지는 않으신가요?
"괜찮아요! 다 잘 될 거예요!" 잠깐, 숨 좀 돌리고 갑시다!
자! 크게 숨을 한 번 내쉬고 라라랜드에서처럼 "Get All Right!"

Welcome to Jazz Night!

브로드웨이 42번가는 뮤지컬의 거리라고 알려졌을 만큼 다양한 뮤지컬 공연이 열리고 있는 "춤과 재즈의 거리이다" 런던에도 소호에서부터 코벤트 가든까지 다양한 뮤지컬 공연이 열리는 극장들이 있다. 물론 브로드웨이 42번가처럼 화려한 조명들과 그 조명들로 이루어진 높은 간판이 있는 빌딩 숲을 연상할 수는 없지만 그 나름의 화려함은 있다. 브로드웨이 42번가에는 화려한 조명들 만큼이나 화려한 퍼포먼스를 하는 연기자들 그리고 그 거리를 꾸준히 찾는 사람들이 붐빈다. 한국에는 재즈 공연장이 밀집되어 있는 지역이 있지는 않다. 그렇기 때문에 공연을 직접 보러 들어가기 전에는 브로드웨이 42번가에 있는 것 같은, 이미 그 장소에 있는 것만으로도 들뜨는 느낌은 없다. 저녁 8시쯤 플래그십 스토어들과 카페들이 밀집되어 있는 서울의 잇 플레이스(it place) 청담동 언덕 어디쯤, 브로드웨이 42번 극장가에서 많이 보이는 번쩍이는 전구들로 된 간판 불이 켜진다. 트럼펫 소리와 아코디언 소리가 100미터 전방까지 울려 퍼지지는 않지만 이미 이 근방에 어떤 곳에서도 없는 간판 조명과 그중에 겟 올라잇의 골드빛 로고가 있어, 귀가 아닌 시각적으로 음악을 들려주고 있다.
사실 처음에 이 공간을 만들게 된 계기는, 누구나 가볍게 들러 음악을 듣고 "겟 올라잇" 하는 공간을 기획했다고 한다. 사실 강남권이나 홍대 주변, 그리고 이태원까지 이미 클럽들이 많이 있다. 하지만 이런 라이브 공연을 보면서 즐길 수 있는 공간이 있던가? 홍대 근처 카페나 바에서 인디밴드들의 공연이 열리기는 하지만 이렇게 작정하고 음악에 취하도록 만들어진 공간은 없으니 겟 올라잇에 사람들의 발길이 끊임없는 것 같다. 공간은 크게 3곳으로 나눌 수 있겠다. 노래 공연이 이루어지는 스테이지, 중앙에 양탄자가 깔려있는 스탠딩 및 착석이 가능한 테이블 자리들 그리고 공간 뒤쪽 디제잉 박스 공간이다. 공간에 들어서면 보이는 첫 번째 공간인 전면은, 아치(arch) 형태를 따라 번쩍이는 조명이 꽉 찬 무대가 있고, 무대 바로 앞에 바텐더가 서빙을 할 공간만 확보된 너비로 바가 자리 잡고 있다. 바 어느 쪽이든 자리를 잡고 앉는다면 뮤지션과 나와의 거리는 약 1미터, 공연하는 뮤지션의 미간 찌푸리는 모습까지 다 보일 정도의 거리이다. 스테이지의 높이는 위스키 병들이 숨겨질 정도의 높이로 바닥면에서 올라가 있다. 지면에서부터 약 600mm 정도, 내가 높은 바 테이블 의자에 앉아서 공연을 본다 해도 그렇게 힘든 높이는 아니다. 한 가지 아쉬운 건 기존의 건물이 천고가 높은 편이 아니기 때문에 스테이지가 살짝 협소해 보인다는 점이지만 공연이 시작되면 그 어떤 것도 컴플레인을 하지 않아도 될 만큼, 오히려 뮤지션에 집중할 수 있는 크기로 너무 적당하게 맞아 떨어진다.

음악을 보다? 듣다?

공연이 시작되고 정신없이 음악에 빠져 있을 무렵 우연히 천장을 올려다보고는 디테일에 웃음이 나왔다. 바로 천장의 마감재 때문이었는데, 마감재는 01호에서 봤던 연남방앗간의 초콜릿 천장과 매우 흡사하지만 자세히 보니 겟 올라잇의 수자폰-G 로고가 새겨진 패널들로 이루어졌다. 그 패널들은 동판을 *CNC가공하여 제작하였다고 한다. 시각적으로 볼거리는 그것뿐만 아니었다. 재즈 바에 가면 공식처럼 있는 나무 몰딩의 액자들과 뮤지션들의 사진들 그리고 공간 중앙에 여백처럼 비워진 곳 천장의 지름 약 1미터짜리 샹들리에와 벽면에 붙어있는 조명들까지 공간에 음악이 나오지 않아도 음악을 상상할 수 있는 오브제들로 가득했다. 음악을 귀로도 듣지만 공간의 분위기 연출로도 충분히 재즈를 즐길 수 있도록 만들어졌다.

* CNC가공_ 컴퓨터 수치제어. 기계를 만드는 기계인 공작기계를 자동화한 것이 NC공작기계다. NC공작기계는 정밀하게 기계를 가공할 수 있지만 내장된 기능과 방법이 고정돼 간혹 오동작을 일으키기도 한다. CNC 공작기계는 컴퓨터를 내장해 프로그램을 조정할 수 있어 오동작을 크게 줄일 수 있다.

ORDER
HERE

W·C
ORDER HERE
CAMPARI
CAMPARI

CAMPARI

Let's Get All Right!!

메인 공연이 시작되면 관중을 압도하는 성량의 가수들과 뒷배경의 아치의 조명들이 음악 템포에 맞춰 번쩍거린다. 약속이나 한 것처럼 모두 다 한 뜻으로 음악에 몸을 맡기고 무대 공연에 집중한다. 노래 공연이 끝나고 잠깐 휴식시간, 그리고 앞서 말한 중앙에 가로 3m 세로 1.5m의 공간에 벽난로 앞에 깔려 있어야 할 것처럼 생긴 러그가 깔리고 금속 굽이 달린 탭 슈즈를 장착한 아티스트가 등장한다!! 예상하지 못한 공연의 전개에 또 한 번 감탄이 나온다.
메인 스테이지와 함께 있는 바와 중앙홀 사이의 경계에 난간 주변으로는 스탠딩 높이, 약 1100mm의 테이블이 둘러져 있었고 키가 높은 바 체어(높이 700mm)가 있다. 하지만 탭댄스 공연이 이루어지는 공간 주변에는 키가 낮은 티 테이블(높이 500mm)과 고즈넉한 가죽소파들이 있다. 아무래도 탭댄스는 발에 집중해야 하는 공연이기 때문에 고객의 시선을 아래로 맞추도록 가구를 선정한 것 같다. 만약 소파가 아닌 통일된 바 테이블만 존재했다면 고객의 시선과 공연을 하는 아티스트의 시선이 높이가 같이 선상에 공존하면 답답함을 유발할 수 있고 탭댄스를 하기에 적절하지 않았을 것이다. 또한, 앞쪽에 상대적으로 높이가 낮은 가구들을 배치함으로써 뒤에 있는 고객들 모두가 공연을 지켜볼 수 있도록 했다는 점에서 협소한 공간을 잘 활용했다고 생각한다.

음악이 고조에 도달할수록 탭의 템포도 빨라졌지만 나는 조도가 낮아진 공간에 하이라이트로 비치는 모습에 집중했다. 마치 핑크색 석양이 진 배경을 뒤로 가로등 불빛 아래, 서로의 노래에 의지하며 음악에 맞춰 탭댄스를 추는 장면이 스쳤다. 탭 슈즈의 금속 굽이 나무 바닥에 탁탁 부딪치는 소리가 만들어낸 하모니는 어떠한 악기보다 더 완벽한 악기라 생각한다.

Need get all right?, Go!! Get All Right!

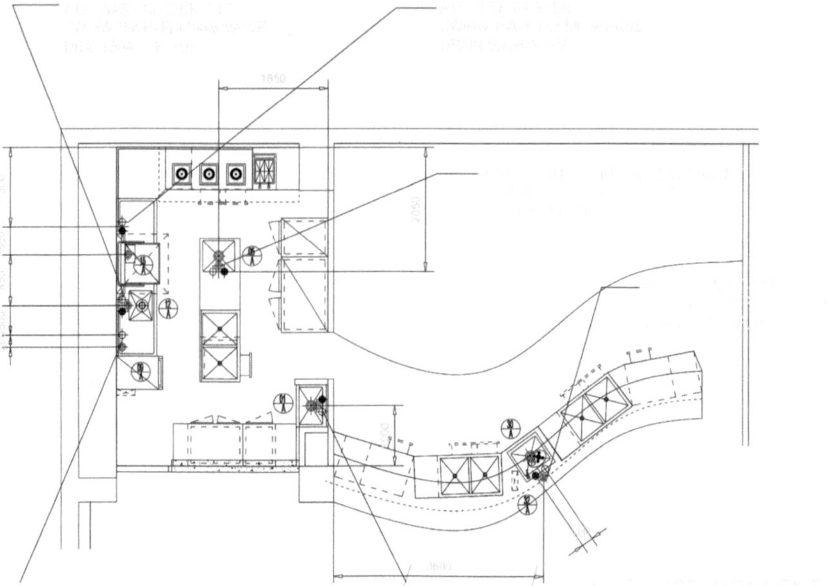
1850
2050
3600

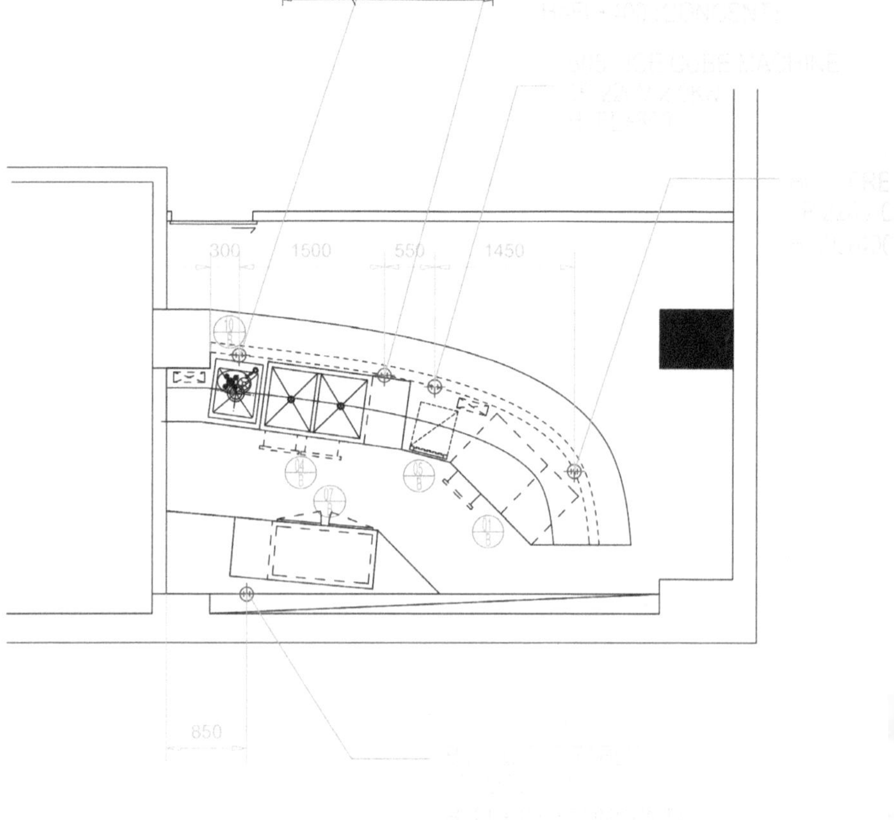
300
1500
550
1450
850

CONVERSATION

WITH

권병수 대표

겟 올라잇을 만드실 때 가장 중요하게 생각하신 부분이 어디일까요?

겟 올라잇을 찾는 모든 이들이 흥겹게 어울리고 즐길 수 있는 공간을 만들기 위해 힘썼습니다.

겟 올라잇을 들어서는 순간 마치 70년대 뉴욕의 스윙재즈가 울려 퍼지는 재즈카페가 떠올랐는데요, 공간의 전체적인 콘셉트가 궁금합니다

콘셉트는 1940년대 뉴올리언스 재즈 클럽입니다. 단순히 재즈라는 음악에 구해받지 않고, 즉흥 재즈의 흥겹고 자유로운 문화에 초점을 맞추었습니다.

겟 올라잇의 이름의 뜻을 알고 싶습니다.

"다 잘 될 거야! 걱정 마, 오늘은 그냥 다 잊고 신나게 놀자"라는 의미를 담았습니다.

천장부에 겟 올라잇 로고의 패널로 마감되어 있는 부분이 인상적이었습니다. 천정의 로고가 새겨진 패널 마감은 어떻게 하신 걸까요?

겟 올라잇에서 가장 중요하게 생각하는 요소는 바로 디테일인데요, 무대에서 연출되는 공연이 무대에서 단절이 되는 것이 아니라, 제일 뒤에 있는 손님에게도 파도처럼 전달해 드리기 위해 노력했습니다. 바위에 금으로 된 동판에 로고를 박아 직접 제작하여 무대에서부터 바까지 자연스레 빛나는 천장의 마감재로 무대의 확장성을 연출하였습니다.

겟 올라잇은 공간에 들어서기 전부터 간판의 스타일과 로고가 돋보이는데요, 로고의 의미가 궁금합니다.

겟 올라잇의 로고는 금관 악기 중 하나인 *수자폰에서 영감을 받았습니다. 저희 겟 올라잇의 첫 글자 "G" 와 자연스럽게 어울려서 겟 올라잇의 시그니처인 Brass 공연을 로고로써 형상화하였습니다.

겟 올라잇의 공연 중 'Tab-dance'는 공간의 중앙에서 진행되는 것을 보았는데요, 무대가 있음에도 불구하고 꼭 중앙으로 나와서 공연을 하는 이유가 있을까요?

단순히 공연을 관람하는 것 이 아니라, 같이 호흡하고 숨 쉬고 함께 하는 느낌을 주기 위해 만들었습니다.
탭 공연을 볼 수 있는 곳은 많지만, 탭 댄서가 흘리는 땀을 볼 수 있는 곳은 겟 올라잇 밖에 없으니까요.

겟 올라잇이 어떤 곳으로 알려지기를 원하시나요?

남녀노소 누구나 흥겹게, 즐겁게 어울릴 수 있고 부모와 자식이 함께 공유할 수 있는, 세대 간의 벽을 허물어트리는 공간으로 알려졌으면 좋겠습니다.

처음 이 공간을 계획하실 때 시행착오가 있으셨는지, 현장 비하인드스토리가 궁금합니다.

바 트웰브를 운영하던 권병수 대표와, 바 앨리스를 운영하는 김용주 대표가 만나 2년간의 기획, 그리고 3번의 시행착오를 거처 1년의 공사 끝에 만들어졌습니다. 여기에 수많은 뮤지션과 수많은 직원들의 피와 땀, 그리고 눈물과 열정으로 만들어진 웃음으로 가득 찬 공간입니다.

* 수자폰(Sousaphone)_ 수자폰은 튜바(Tuba)의 한 종류이며, 마칭 밴드에서 주로 사용된다.
미국의 작곡가이자 밴드 지휘자인 '존 필립 수자'의 이름을 본떠 수자폰이라고 명명하였다.

GET ALL RIGHT

해운대

New Orleans Jazz at Get All Right

겟올라잇은 1940년대 *뉴올리언스재즈(New Orleans Jazz)를 콘셉트로 한 재즈 바로 다양한 퓨전 재즈를 즐길 수 있는 곳이다. 청담에 있는 겟 올라잇에 이어 해운대에 오픈한 겟 올라잇은 재즈를 시작으로 다양한 장르의 음악을 경험하기에 충분한 공간이다. 한국의 대표 관광지인 부산 해운대, 아름다운 바다와 문화가 흐르는 이곳에서 반짝이는 모래사장을 거닐고 밤에는 흥겨운 재즈 공연을 즐겨보는 건 어떨까?

* 뉴올리언스재즈(New Orleans Jazz)_ 뉴올리언스에서 1910년경부터 1920년경까지 성행한 소박한 초기의 재즈 형식. 악보대로 연주하지 않는다는 사고방식과, 니그로적인 리듬이 재즈의 즉흥연주, 스윙감의 바탕이 되었다.

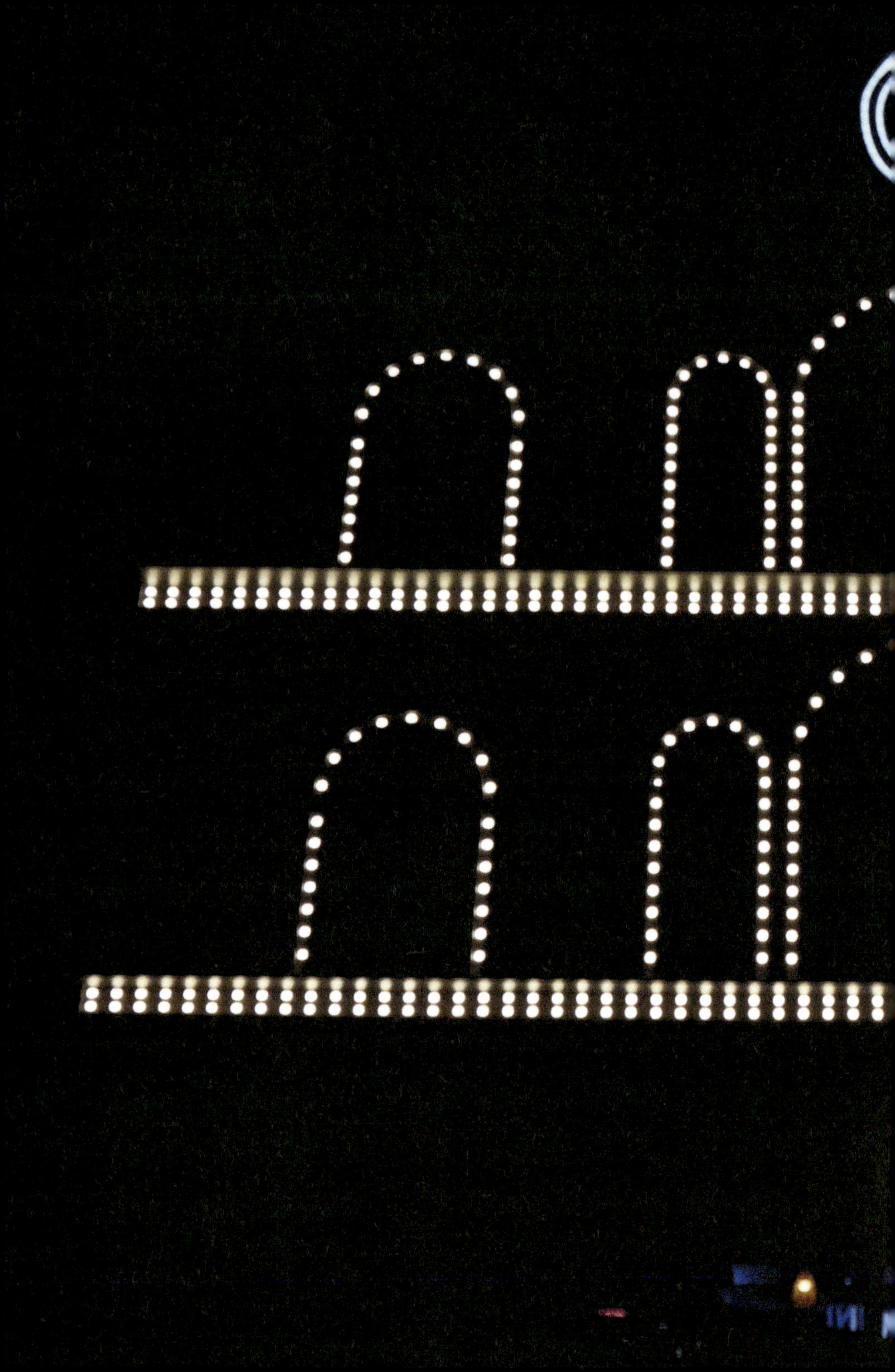

'G'의 초대

겟올라잇은 공간에 들어오기 전부터 고객들에게 이곳의 대략적인 이미지를 예상 할 수 있게 해주고 있다. 아치형으로 구성된 조명들을 배치하여 중세유럽의 건물같은 이미지를 풍기고 있으며 공간으로 진입하는 계단실 또한 아치형의 구조와 따뜻한 느낌의 동그란 조명을 나열함과 동시에 벽면에는 볼드한 몰딩을 사용해 현대적인 느낌보다클래식함과 고전풍의 느낌을 유도했다.

계단실을 이동해 공간에 들어가게 되면 강렬한 레드컬러의 문이 중세 유럽의 오페라하우스에서 볼수 있었던 레드컬러의 커튼을 연상시키고 내부 공간 또한 오페라하우스의 귀족들이 관람하던 박스석과 유사한 이미지를 가지고 있었다. 처음 진입부터 공간에서 느껴지는 이미지는 중세유럽의 이미지와 뮤지컬 '물랑 루즈'가 합쳐진 듯한 느낌이 들었다.

이곳의 내부 구성은 1층에는 입구의 왼쪽과 메인 공연이 펼쳐지는 메인 무대와 총 2개의 메인 바가 있으며 대부분 무대를 바라보는 방향으로 테이블 좌석이 배치되어 있고, 컬러풀한 조명 아래 설치된 메인 무대가 눈길을 끌고있다. 또한 메인 무대 앞에는 아치 형태의 큰 바가 있어 바에 앉아 공연을 가까이에서 즐길 수 있다. 메인 무대 뿐 아니라 관객석 중앙에서도 공연이 열리고 있었다. 관객석 테이블 사이, 가까운 거리에서 탭 댄스의 태핑과 연주자들의 열정적인 연주까지 볼 수 있는 점이 이색적이다.

겟올라잇의 외관은 유럽 영화 속 무도회장을 연상하게 했다. 건물 외관에는 트럼펫을 모티브로 한 센스있는 로고 'G'가 눈에 띄었다. 단순한 알파벳 G의 형태를 수자폰과 결합하여 로고로 만들었고, 음악이 흘러 나오는 듯한 로고 디자인이 단번에 음악 공간임을 예측할 수 있게 한다. 겟올라잇의 공간으로 들어가는 입구 계단에는 레드 카펫이 깔려있다. 입구부터 화려하고 범상치 않은 이곳에 들어선 순간, 마치 영화 속 무도회장의 주인공이 된 듯한 기분까지 든다.

GREY GOOSE

베토벤하우스

베토벤하우스

대구 시내에서 꽤 떨어진 용지역 근처 한적한 동네에는 베토벤의 집이 있다. 용지봉으로 올라가는 시작점에 위치해 있어 작은 언덕을 올라가야 이 공간을 갈 수 있는데, 가는 길을 걸어간다면 짧은 등산 코스를 밟는 것 같았다.

베토벤은 과연 있을까?

음악을 마시는 카페 "베토벤 하우스"

베토벤하우스는 커피를 사랑하는 사람들의 손길로 만들어진 공간이다. 김미희 대표는 경력 20년의 커피 애호가이며, 유럽 국제 바리스타 SCAE 자격증도 갖추고 있고, 로스팅과 기술 지도를 담당하는 5명의 이사진은 2002년 이탈리아 피렌체에서 커피를 배우기 시작하여 IBS 이탈리아 국립 바리스타, SCAE 유럽 바리스타 등을 갖추고 있다. 김미희 대표 외 5명의 이사진은 오랫동안 커피를 좋아해 왔고 그 공통점으로 한마음이 되어 베토벤하우스를 설립하게 되었다고 한다.

18세기의 천재 작곡가 루트비히 판 베토벤은 오선지가 가득한 방안에서의 하루 일과는 직접 간 원두로 커피를 내리고, 오선지에 음표를 그려 넣고, 피아노를 치고, 곡이 안 써질 때는 산책을 하거나 주전자의 물을 머리에 붓는 독특한 습관이 있었다고 한다.

"60알의 원두는 나에게 60개의 영감을 준다"

베토벤에게 커피는 영감을 주는 자원이자 늘 함께하는 동반자였다고 한다. 아침마다 원두를 60알씩 세고 다시 검수까지 하는 꼼꼼한 베토벤, 그는 원두를 세며 어떤 생각을 했을까? 청력을 잃어가는 베토벤은 작곡가의 삶을 살아가기에는 너무나도 가혹한 현실이었을 것이다. 커피를 이렇게 좋아한 베토벤이지만 그의 음악 중 커피를 모티브로 한 음악은 없다. 커피는 베토벤에게 오직 마음의 평온을 찾아주고, 소리의 어둠 속에서 원두를 세며 자신의 음악을 그린 베토벤은 이 시간이 유일한 위안의 시간이었을 것이라 생각이 든다. 이러한 베토벤의 커피 사랑을 현대사회에서 재해석한 대구의 베토벤하우스로 음악을 마시러 가보자.

Beethoven Haus
DAEGU
Beethoven Haus
Baroque Violin Duo Concert

베토벤의 향기

베토벤하우스는 처음 기획할 때부터 커피를 사랑한 베토벤의 향기가 느껴지도록 음악공간을 만들고자 오랜 시간을 고민하고 설계했다고 한다. 그렇게 해서 기하학적인 형태, 선과 면을 중시한 미니멀한 외관, 단순한 창호로 독창적 조형미를 지닌 아름다운 건축물로 완성되었다.

내부는 화이트톤의 내부에 규칙적인 스포트라이트들이 있는 것이 전형적인 공연장의 분위기를 물씬 내고 있다. 한쪽으로는 이 공간의 메인이라 불리는 무대가 계단 1칸 정도의 단차를 두고, 내부의 컬러와 대비되는 블랙을 이용하여 완성하였다. 곳곳에는 LP 판과 식물들 같은 오브제들이 자칫 너무 무거울 것 같은 연주회의 분위기를 잡아주고 있었다. 이 공간의 내부는 건축주의 취향과 음 튜닝이 그대로 드러나는 것을 볼 수 있다. 정갈한 공간과 시스템, 보이지 않는 곳까지 신경을 쓴 흔적들이 보이는데, 많은 사람들은 공간이 커야 소리가 좋다고 생각하지만 절대 그렇지 않다. 공간이 크면 빠져나가는 음파들을 모아줘야 하는 부분 등 신경 써야 할 것이 많아지기 때문에 공간의 규모와 음악의 전달력은 비례하지 않다고 생각한다.

이곳은 천장 높이가 무려 5.5M나 되는 74평의 공간인데, 이 공간에서 들리는 기분 좋은 소리의 비밀은 무엇일까?

베토벤하우스의 김미희 대표는 여러 음향학에 관한 책 또는 경험에서 오디오로 가장 좋은 소리를 들을 수 있는 천장 높이는 4~4.5M 정도라고 하는데, 가정용 오디오를 썼을 때 공간의 높이가 이보다 높아지면 소리의 도달시간에 미세한 차이가 발생할 수 있기 때문이라고 한다. 이 세상에는 소리를 잘 전달하기 위한 수많은 룸 튜닝재들이 있지만 목적은 주파수 대역만 다를 뿐 결국 확산 또는 흡음인데, 공간이 좁으면 흡음재를, 공간이 넓으면 확산재를 쓰는 것이 청음 하기 좋다고 한다. 쉽게 말해 공간이 좁은 곳에서는 반사되는 소리의 양을 줄이는 흡음재를 사용하여 공간이 커지는 듯한 효과를 노리는 것이고, 반대로 공간이 넓은 곳에서는 반사되는 소리의 양을 늘리는 확산재를 사용하여 공간을 아늑하게 만드는 효과를 기획한 것이라고 한다.

이런 원리를 이용하여 베토벤하우스는 쉽게 보기 힘든 주철 파이프를 확산재로 사용하여 반사되는 소리의 양을 늘리고, 이를 통해 도달 시간을 짧게 만들었다. 더불어 인테리어 효과까지 나타났다. 이곳에 있는 벽에 걸려있는 확산재로만 무려 2톤의 철(구로철판, 구로파이프)이 사용되었다. 덕분에 실제로 공간은 크지만, 소리를 들었을 때에는 큰 공간이라는 느낌이 들지 않게 세팅되어 베토벤처럼 음악을 온전하게 느낄 수 있는 공간이라 생각한다.

이 공간에 머무르면 다른 생각들은 잠시 접어두고 음악에 취하게 되는데, 음악은 우리의 마음을 쉬게 하는데 가장 쉽고, '음악치료'라는 개념이 있을 정도로 효과적인 매체이다. 오디오로 음악을 듣기 위해서는 전기의 품질이 매우 중요한데, 베토벤하우스는 오디오 전용 전기를 따로 인입하였고, 벽체 콘센트까지 세심하게 신경 써서 공간을 설계했다고 한다.

홀 내부 인테리어의 핵심인 하이엔드 오디오 시스템에는 덴마크 다인오디오의 에비던스 스피커를 포함해 할크로의 DM-68, 에소테릭의 3개의 분리형 CDP, 프랑스의 J.C.베르디에 턴테이블 등 당대의 명기들이 엄밀한 튜닝으로 정면 무대를 점하고 있어 보는 즐거움까지 더해주었다. 무대의 양쪽으로는 클래식 음반(CD와 LP) 1만 여장은 사운드를 시각적으로 감상하게 해주는 미인들이라 생각한다. 단순한 카페나 매장의 스피커에서 흘러나오는 음악이 아닌 철저히 준비된 공간에서 접하는 음악은 너무나도 달랐다. 음악은 단순히 BGM (Background Music) 이상으로 커피를 마시며 대화를 나누던 사람들도 이 공간에서 음악이 흘러나오면 잠깐 멈추고 조용히 음악을 감상하게 된다.

"자신의 불행을 생각하지 않게 되는 가장 좋은 방법은 어떤 일에 몰두하는 것이다"

루트비히 판 베토벤

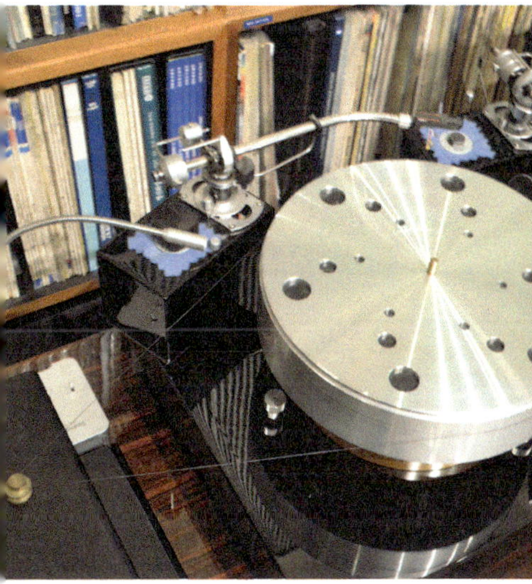

Music Academy

좀 더 제대로 된 음악을 감동적으로 들으려면 매주 월요일 저녁 7시에 음악평론가가 진행하는 〈클래식 아카데미〉에 참석하는 것도 좋다. 초 하이엔드 오디오가 만드는 실연보다 더 좋은 소리, 그리고 큰 철제 파이프가 열리며 150인치 스크린이 나오게 되는데 UHD 프로젝터가 쏘는 압도적 영상 비의 음악 비디오들은 실로 압권이다.

오페라, 팝, 뮤지컬, 가요에 이르는 세상의 모든 음악을 베토벤하우스와 강사가 보유한 10만 장의 음반 컬렉션에서 선곡하는 주옥같은 명반을 들을 수 있는 곳이다. 전국에서 초 하이엔드로 이런 음악과 커피를 동시에 즐길 수 있는 곳이 또 있을까? 물론 서울의 오드 메종을 꼽을 수 있겠지만 그곳은 청음에 대한 금액적인 부분을 감수해야 하는 반면 베토벤하우스는 언제든지 방문하면 웅장한 음악을 들을 수 있다.

베토벤하우스는 메인 무대 공간 이외에도 철제를 사용한 것을 곳곳에서 찾아볼 수 있다. 가장 눈에 띄는 것은 내부에 있는 의자에 둥글게 튀어나온 협탁의 역할을 할 것 같은 철제가 눈에 띈다. 철제 음향제를 사용한 콘셉트를 내부의 벤치에서도 보이고 있었다. 벽면에 있는 의자 아래쪽에도 철제로 된 마감이 되어 있었고 곳곳에서 베토벤하우스의 세심함이 보였다. 철제가 사용되지 않은 의자는 받침과 등받이가 반원형을 하고 있었는데 음악을 듣기 위한 편안함과 안아주는 듯한 형상을 하는 의자였다. 이 의자는 음악을 들으며 힐링을 하는 사람들에게 외적으로도 안락함을 선사하고 있다.
이런 세심함뿐만 아니라 벽면 곳곳에는 여러 작가의 작품들이 액자에 걸려 있었다. 카페가 아니라 작은 음악 전시회를 방문한 느낌도 나게 하고 있다.

이곳은 내부에서 보면 스킵플로어의 형태를 지닌 2층 공간이 있다. 2층은 외부 계단을 통해서만 올라갈 수 있지만 Bar Table이 있는 곳은 1층의 내부가 훤히 보이는 구조이다. 이곳은 마치 연주회의 VIP석에서 커피를 마시는 듯한 느낌이 들게 한다. 2층의 뒤쪽으로는 테라스로 나갈 수 있는데 테라스는 Black 철제 프레임과 적벽돌, 화이트 콘크리트로 마감되었고, 3000K 정도의 조명 아래에서 연주회를 보고 있으면 따뜻한 커피 한 잔이 생각난다.

베토벤의 마음으로 전하는 음악과 음악처럼 따뜻해지는 커피가 있는 곳, 베토벤하우스에서..

Beethoven Haus

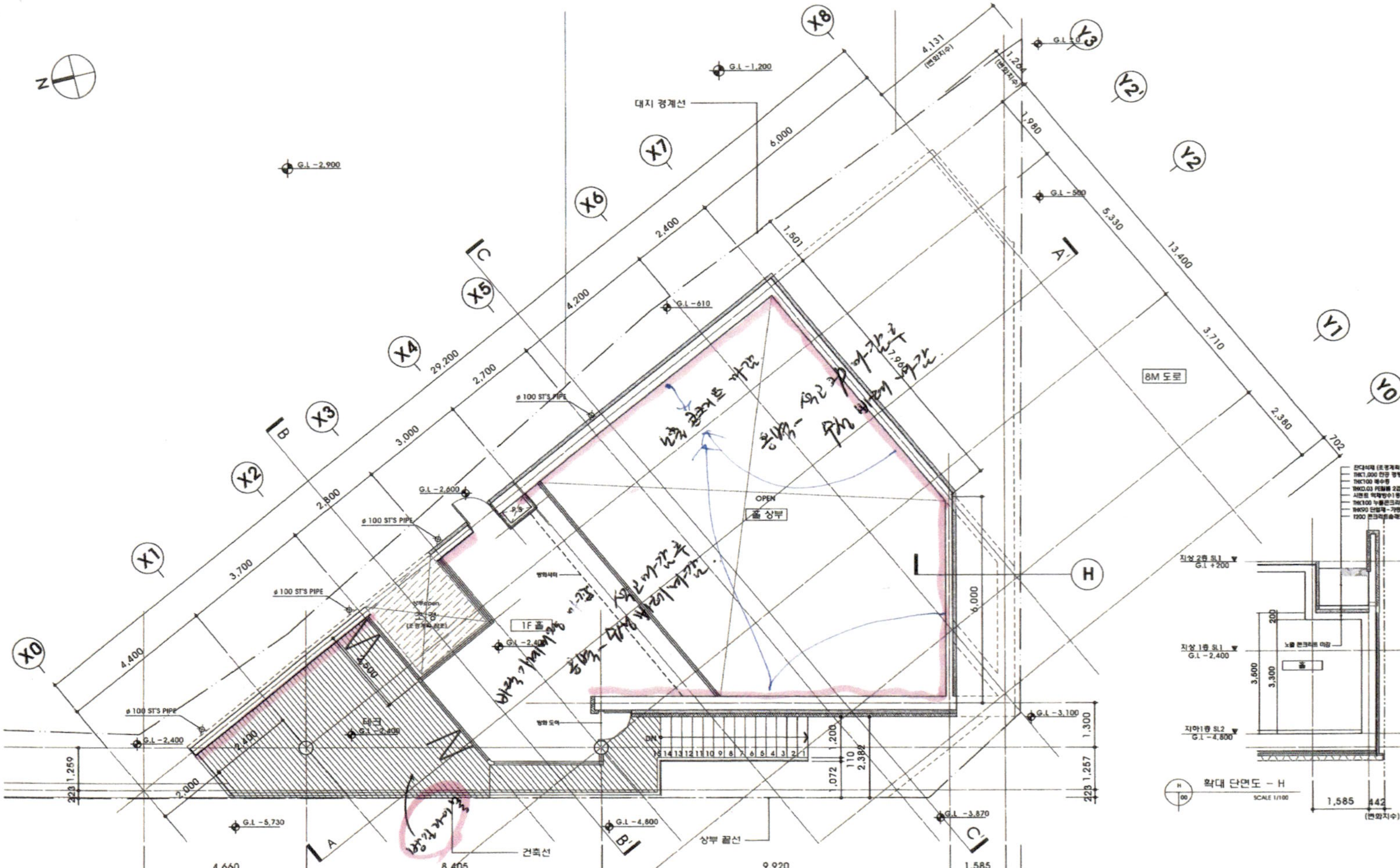

8M 도로
대지 경계선
1F 홀
홀 상부
OPEN
조경
테크
상부 끝선
건축선
확대 단면도 - H
SCALE 1/100
지상 2층 SL1 G.L +200
지상 1층 SL1 G.L -2,400
지하1층 SL2 G.L -4,800
노출 콘크리트 마감
ϕ 100 ST'S PIPE
G.L -1,200
G.L -2,900
G.L -610
G.L -2,600
G.L -3,100
G.L -3,870
G.L -4,800
G.L -5,730
G.L -2,400
29,200
24,570
13,400
4,660
8,405
9,920
1,585

지상 1층 평면도

Beethoven Haus
DAEGU
Cameroon
Blue M-T
Noni Village
2/24
Ethiopia
Aricha
Natural
Special
G1
2/15
Yemen
Mocha
Matari

Beethoven Haus

슈발츠발트

Schwarzwald

슈발츠발트

부산, 한적한 주택가가 옹기종기 모여있는 민락동 골목길을 거닐다 보면 여기에 '뭐가 있을까?'라는 의문을 가질 때쯤, 잔잔한 음악 소리가 흘러나올 듯싶은 나무가 그려진 피아노 로고가 눈앞에 보인다. 간판을 따라 자연스럽게 걷다 보면 주택을 개조한 작은 하얀 건물의 빨간 문이 우리를 반갑게 맞이하며 인사한다. 그 문을 열고 들어가면 딸랑딸랑 새들의 속삭이는 소리와 함께 잔잔한 음악이 흘러나오며 마치 유럽에 온 듯한 분위기와 함께 내가 귀족이 된 듯한 느낌을 가질 수 있는 카페 공간이 나타난다. 음악과 함께 유럽 연회장에 초대되어 커피와 함께 춤을 추며, 손짓 하나 발끝 하나의 포인트로 귀족이 되어보자.

한국의 슈발츠발트

슈발츠발트란 검은 숲이라는 뜻으로, 사람의 손을 타지 않은 상태로 자라난 나무들이 빼곡히 있는, 빛이 들지 않을 정도로 깜깜한 '독일의 숲'이라고 한다. 그 숲을 모티브로, 피아노의 건반 형태로 만들어진 로고를 보고 있으면 어디선가 들려올 것 같은 멜로디와 그 공간 속으로 자연스럽게 이끌린다. 슈발츠발트는 독일에서 영감을 받아 만들어졌다고 한다. 본래 벽을 허물고 공간과 공간의 경계를 와인 톤 페인트와 그린 톤 페인트의 대비되는 색감으로 칠하여 공간의 분할을 보여주면서도 대비 속의 조화 또한 느낄 수 있게 만들어졌다. 그런 조화 속에 어우러지는 다양하고 고풍스러운 오브제들은 이 공간을 더욱 흘러나오는 음악과 하나 되게 만들었다.

독일에는 명소 슈발츠발트가 있다면 한국의 슈발츠발트는 이곳 부산에 있다.

CONVERSATION

WITH

슈발츠발트

입구에 들어오면서 로고의 모형이 인상 깊었는데, 로고의 탄생 스토리가 있을까요?

슈발츠발트라는 뜻은 검은 숲이라는 지명으로 숲의 의미를 적용하여 나무 모형을 그려 넣었습니다. 그리고 어머니와 함께 카페 운영을 하게 되면서, 입구에 들어오면서 보이는 로고는 피아노를 전공하신 어머니의 전공을 상징하는 피아노의 모형으로 로고를 제작하게 되었습니다.

내부에는 제가 전공한 클라리넷을 상징하는 모형의 로고를 두면서 모자의 악기 사랑에 의미를 두어 두 로고 모형을 제작하였습니다.

공간을 들어오자마자 유럽의 느낌이 물씬 풍기는데, 모티브로 정한 나라가 있을까요?

독일에 슈발츠발트라는 지역에 친구와 함께 놀러 갔다가 bar의 내부 인테리어에서 와인 톤과 그린 톤의 영감을 얻어 독일을 모티브로 카페 내부 공간에 적용하였습니다.

Site를 상권이 아닌 왜 주택가를 선택하게 되셨나요?

중간 상권인 서면으로 나가니까 건축법상 건드릴 수 없는 부분이 너무 많았습니다. 제가 원래부터 좋아하던 느낌은 우드의 따뜻한 느낌과 와인, 그린 톤의 조화였는데, 슈발츠발트 지역을 놀러 갔을 때 골목골목에 새하얀 백발을 가지신 할아버님들과 말씀을 나누곤 했었는데, 친근하게 느껴지며 그런 친근함이 너무 인상 깊었습니다. 그래서 제가 느꼈던 따뜻했던 골목길의 감성을 살리기 위해 이곳에 카페를 만들었습니다.

옥상에 rooftop 계획은 없을까요?

원래는 rooftop 계획도 있었지만 아무래도 주택가이다 보니 저녁 7시만 되어도 조용한 동네가 됩니다. 아무래도 rooftop을 운영하게 되면 주변이 시끄러워지면 동네 분위기를 해칠 뿐만 아니라 주민분들께도 피해가 갈까 우려되어 rooftop 계획은 조금 힘들지 않을까 싶습니다.

마감재가 깨진 block과 wood로 되어있는데, 어떤 의도가 있으셨을까요?

원래 있던 주택을 개조하게 되면서 최대한 벽을 건드리지 않고 그대로 두려 했습니다.
일부러 앤티크 한 느낌을 주려고 깨진 벽을 그대로 두었고, 우드 재질은 제가 원래부터 좋아하기도 했고, 우드의 따스한 느낌을 살리려 했습니다.

공간을 둘러보니 크게 3공간으로 나뉘어 있는 것 같아요, 각각의 콘셉트가 있을까요?

입구를 들어와서 오른쪽에 보이는 어두운 그린 톤이 가득한 공간은 아들인 제 방을 표현하려 하였으며, 남성적이고 저와 관련된 오브제들을 배치하였습니다. 또한 건너편에 와인 톤으로 칠해진 공간은 어머님의 방의 모습으로 여성스럽고 우아한 느낌을 주려 하였으며, 지금은 손님께서 커피를 쏟으셔서 없지만 원래 벽에는 어머니께서 입으신 드레스도 걸려 있었습니다.
가운데 공간은 콘셉트를 부담스러워하시는 손님들을 위한 공간입니다. 스탠더드 한 느낌의 공간을 표현하였으며 단체 손님들을 위한 공간입니다.

다양한 오브제가 공간에 자리하고 있는데, 그들만의 스토리가 따로 있을까요?

아들인 제 방에 걸려있는 양복은 제가 첫 연주회 할 때 입었던 양복이고, 클라리넷 또한 제가 쓰던 악기들을 가져다 놓았습니다. 중앙에 놓여있는 피아노는 어머니께서 직접 쓰시던 악기이며 완곡이 가능하신 손님께서는 직접 치셔도 무관하답니다. (하하)
곳곳에 다양한 가구들은 해외에서 가져온 것도 있지만 집에서 쓰던 가구들을 가져왔기 때문에 제가 유치원생 때 낙서를 해놓은 것도 있으며, 다시 사포질하여 정갈하게 리뉴얼한 오브제들도 있습니다. 대체적으로 빈티지한 느낌으로 공간의 분위기를 형성하려 하였고, 모든 공간을 어머니와 저의 추억이 깃든 물건으로 공간을 채워 카페의 모든 것들이 하나하나 다 의미를 담고 특별한 공간을 만들고 싶었습니다.

공간의 음악이 정말 감미로운데, 음악 선정 기준이 있을까요?

음악 선정은 보통 낮에 클래식, 저녁엔 재즈를 틉니다.
가끔은 음악을 하시는 지인분들이 오셔서 음악을 주시면 주마다 음악의 콘셉트를 잡아 틀기도 합니다.

모자께서 음악을 전공하셨는데, 정기적인 공연 계획은 없으실까요?

원래 한 달에 한 번씩 공연을 했었는데, 인원 부족으로 인해서 두 달에 한 번 와인 파티와 곁들여 간소하게 하고 있습니다. 파티를 알리는 방식은 SNS를 통해 자유롭게 소통하고 있으며, 자주 오시는 단골손님들께 전해드리기도 합니다.

추억이 가득한 공간

모자가 운영하는 슈발츠발트의 오브제들은 하나하나 추억이 서려있다. 바닥에 놓인 클라리넷은, 아들이 처음으로 악기를 잡았던 어릴 적부터 지금의 멋있는 아티스트로 탄생시킨 손때가 묻어 있는 추억 속 악기였다. 또한 한구석에 위치한 양복은 '여기에 왜 양복이 걸려있을까?'라는 의문을 가지게 했지만, 아들이 처음 연주회에서 입었던 옷이라는 것을 금방 알 수 있게 된다. 그 밖의 중앙 홀에 놓인 피아노는 어머니께서 직접 연주하셨던 피아노를 가져다 놓았다. 피아노 곡을 완곡할 수 있는 손님이라면 누구나 연주해 볼 수 있다. 이렇듯 곳곳에 위치한 피아노와 클라리넷은 모자의 추억이 깃든 물건들이었으며, 그 물건들이 흘러나오는 음악과 어우러졌을 때, 모자에게도 뜻깊은 장소이지만 그런 뜻깊은 장소에 방문한 우리들에게도 큰 감동과 영감을 주는 장소로 기억 남게 한다.

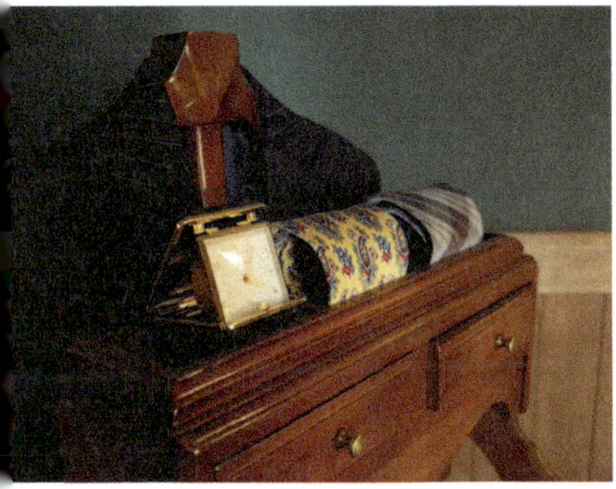

컬러의 대비

공간을 둘러보면 두 가지 컬러가 눈에 보일 것이다. 하나는 와인 톤 다른 하나는 그린 톤. 두 가지 컬러는 보색 대비를 이루며 북유럽의 느낌을 물씬 풍긴다. 한 공간에 전체적으로 칠해진 와인 톤의 페인트는 중앙의 피아노와 이어지며 여성스럽고 우아한 느낌을 주는 어머니의 공간을 만들고, 그린 톤의 공간은 클라리넷, 양복과 함께 아들의 멋스러운 공간을 만든다. 중앙의 홀에는 조금의 바람만 불어도 흔들릴 듯한 어리어리한 조명과 오래된 골동 촛대, 거울 그리고 패브릭 오브제들과 헤링본 무늬로 시공된 우드 타일과 우드로 된 빈티지한 가구들이 각자 다른 두 공간의 대비를 이어주며 자연스러운 소통을 유도하고 있다. 또한 원목으로 된 장식장에는 다양한 찻잔 세트와 접시 그리고 골동으로 된 회중시계와 같은 소품들이 공간을 더욱 우아하고 고풍스럽게 만들어주며 유럽의 귀족이 된 듯한 느낌 또한 준다.

와인과 그린의 컬러 대비 속에서 흘러나오는 음악이 그 대비를 하나로 만들어주는 역할을 하며 두 가지 요소가 함께 공존해야 하는 이유를 설명해준다.

공간에 배어있는 음악

딸랑딸랑 거리는 종소리와 함께 입구의 문이 열리는 순간 잔잔하며 아름다운 음악소리가 공간에 퍼져 있음을 느끼게 된다. 그 음악소리와 함께 자리를 잡고 앉게 되면 자리 곳곳에 놓여 있는 메트로놈이 이곳은 '음악이 배어있는 공간이에요.' 하며 말하고 있다. 메트로놈의 똑딱똑딱 박자 맞추는 소리와 찰랑거릴 것 만 같은 우아한 조명은 공간, 그리고 흘러나오는 음악과 함께 손에 들려있는 커피의 향을 더욱 깊은 풍미를 만들어주며, 이 공간에서 흐르는 음악 속에 있는 나를 돌아보게 만든다.

'마음을 움직이는 공간'이란 어떤 공간일까 생각해볼 때, 잔잔한 BGM이 잔잔하게 흐르는 커피숍이나 레스토랑이 될 수도 있지만, 음악이 가지고 있는 본연의 섬세함이 청각으로, 시각으로 전달되는, 거기에 슈발츠발트처럼 의미 있는 이야기까지 더해져야 한다고 생각한다.
감성이 가득한 공간을 기획할 때 우리의 향수를 자극하는 오브제들의 나열이나, 스토리는 없고 디자인만 있는 가구들로 채워진 공간은 결코 우리의 마음까지 채울 수 없다. 슈발츠발트처럼 거짓됨 없는 "True story" 가 하나하나 모였을 때, 어느 공간보다 의미를 더하며 깊은 풍미를 만들어내는 공간으로 우리의 기억 속에 자리 남게 된다.

아직 내 마음에 울리는 그날 그 음악처럼…

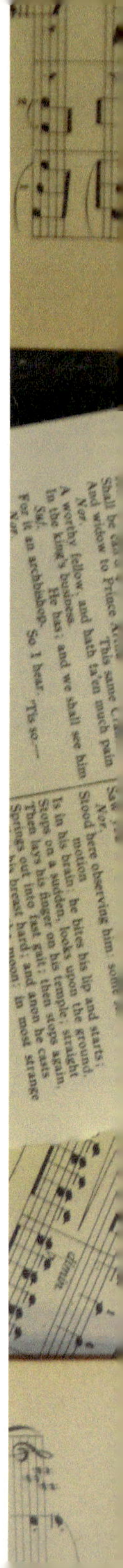

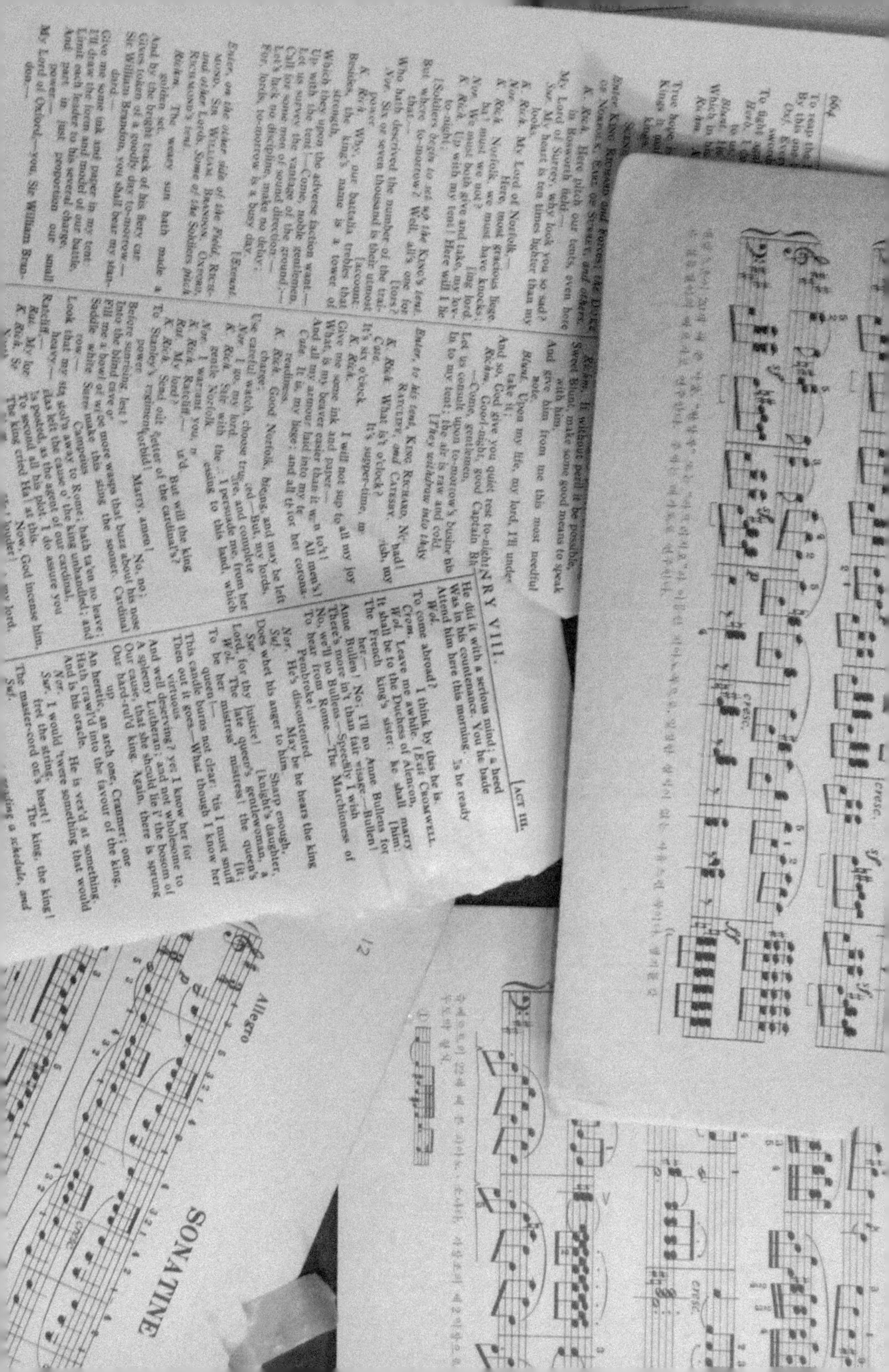
SONATINE
Allegro
ACT III.

Deutsche Grammophon
BEETHOVEN · OUVERTÜREN
Egmont · Prometheus · Leonore III · Coriolan · König Stephan · Fidelio
Wiener Philharmoniker · Leonard Bernstein
STEREO

ÉTUDES

ŒUVRES
I
DEUX ARABESQUES
SUITE BERGAMASQUE
POUR LE PIANO
BALLADE
RÊVERIE
VALSE ROMANTIQUE
NOCTURNE
DANSE
MAZURKA
D'UN CAHIER D'ESQUISSES
MASQUES
HOMMAGE À HAYDN
LA PLUS QUE LENTE
BERCEUSE HÉROÏQUE

VOLUME II

사이드 노트 클럽

한눈에 보는 불빛의 서울

시원한 바람과 홍대의 경치가 한눈에 보이는 사이드 노트 클럽은 라이즈 호텔의 15층에 위치해있다.

15층 높이에서의 루프탑은 주변에 높은 건물이 많이 없어 한강의 경치가 보인다. 한강이 보이는 경치는 해외여행을 갔을 때에 보는 아름다운 경치만큼 멋있다. 사이드 노트 클럽은 실제로 외국에는 각 나라를 대표하는 루프탑 라운지가 존재하는데 서울에는 아직 없다고 생각하여, 한국을 대표하는 루프탑 바가 되기 위해 오픈하였다고 한다.

취하는 뮤직 스케이프

홍대입구역에서 조금만 걸어가면 보이는 라이즈 호텔에서 엘리베이터를 타고 15층으로 이동하면 이 클럽으로 갈 수 있다. 투숙객이 아니더라도 누구나 즐길 수 있는 곳이며, 입구에는 여러 술들이 나열되어 있는 모습이 패널들에 불투명하게 가려져 희미하고 흐릿하게 만들고 호기심을 자극한다. 또한 들어가는 통로의 오른쪽 푸른 페인트 벽에 걸린 노란빛 조명과 왼쪽 우드 벽면에 걸린 사진 액자들은 눈앞에 보이는 '사이드 노트 클럽'의 LED 조명의 핑크색 빛이 은은하게 비추어 그 공간의 분위기를 한층 오묘하게 만들어주며 긴장감과 신비스러운 느낌을 준다.

내부에 들어서면 벽면 한쪽에 가지각색의 술들을 머금고 있는 서랍장이 자리 잡고 있고 오렌지빛의 간접 등들이 그 술들을 비춰주고 있다.

앞쪽으로는 긴 바 테이블이 놓여있고 바로 코앞에서 바텐딩 하는 모습을 볼 수 있다. 술을 즐기는 다른 자리는 벽면까지 닿는 긴 창문 옆쪽으로 편안한 소파들이 놓여있다. 이 소파에 앉아 서울의 야경을 바라보며 마시는 칵테일은 상상만으로도 행복해진다. 또, 룸으로 되어있는 작은방도 있어 단체로 와서 즐길 수도 있고 이 룸 또한 천장까지 닿는 창문이 나 있어 마찬가지로 서울의 야경을 느낄 수 있다.

이곳의 또 다른 매력은 호텔 총 지배인이 직접 셀렉한 1960~1990년대의 힙합 혹은 펑크, 소울 재즈, 디스코 등 올드스쿨을 기반으로 1000여 장이 넘는 LP를 보유하고 있으며 그런 음악들을 야경에 곁들일 수 있다.
사이드 노트 클럽은 한국에서 정통 DJ 크루로 정평이 나 있는 소울 스케이프 크루들과 파트너십을 유지하여 월 마지막 주 토요일마다 소울 스케이프 크루들과 루프탑 바비큐 파티를 진행한다고 한다.

곳곳에 배치되어 있는 스피커들로 어디서나 음악과 술을 즐길 수 있으며 전망 좋은 홍대의 고층에서 지친 일상을 전환시키기에 적합한 곳이다.
또, 특별한 것은 화장실에 가는 길에 볼 수 있다. 화장실을 가는 통로도 외부를 볼 수 있는 창이 크게 나 있는데, 일반 유리창과 다른 코팅이 되어 있어 해가 지기 전 다른 색감의 선 셋을 볼 수 있었다. 따뜻한 햇볕이 색다르게 다가와 잠시 바깥을 넋 놓고 바라보게 된다.

Denim Dudes
MARLEY LEGEND

홍대의 ROOFTOP BAR

이곳의 메인 공간인 루프탑은 내부 바를 통해서 갈 수 있고, 한쪽 벽면이 플랜테리어로 되어있는 램프를 따라 나갈 수 있다.
벽면에 있는 식물들은 모두 생화로 되어있고 이곳 또한 따뜻한 오렌지빛 간접 등이 밝혀주고 있었다. 시원한 바람을 맞이하기 전 따뜻한 느낌을 주기 위한 벽면이라고 생각이 되며 실제로도 온도차가 확연하게 느껴졌다.
루프탑 옆쪽의 실내 바 라운지도 마찬가지로 천장에 그리드로 된 우드 마감재들에 식물들이 감싸고 있어 작게 통일된 느낌이 들었다.

이 라운지 또한 처음에 보이는 라운지처럼 벽면은 여러 술들로 display되어 있었고, 바 테이블이 나 있다. 실내 어디서나 볼 수 있는 이곳만의 장점인 홍대의 경치를 보며 마시는 술과 음악은 이곳의 목표인 한국을 대표하는 루프탑바라 해도 될 만큼 우리의 기분 좋은 감성을 꺼내준다.
루프탑으로 나가면 시원한 바람에 행잉 되어 있는 줄의 꼬마전구들이 우리를 반겨준다. 내부에서 보이는 창밖의 풍경과는 또 다른 느낌의 루프탑만의 탁트인 홍대의 경치를 보는 이곳은 들어서자마자 우리를 기분 좋게 한다.

테라스는 대부분 직선의 미와 그 속에 작은 곡선의 미들이 어우러져있다.
사각으로 둘러싸인 벤치는 우드로 되어있으며, 푹신푹신한 여러 색감들의 둥근 쿠션들이 딱딱한 우드의 느낌을 감싸주고 있다. 또한 스테인리스의 틀 사이를 메우고 있는 와이어는 사각을 둘러싸고 있고 투명하지만 조금 더 "우리끼리"라는 생각이 들게 하였다.
이 중심에는 쌓여진 블록으로 오브제 역할을 하고 있는데, 전체적인 브라운 톤의 우드를 그레이 스톤 오브제를 더해 분위기를 중화시키면서도 자연적인 요소를 더해주는 것 같았다. 나무, 풀, 돌, 바람까지… 항상 많은 사람들로 복작거리는 홍대 도심 속의 루프탑에서 자연적인 요소를 더하여 우리를 음악과 술에 취할 수 있게 편안한 환경을 제공하고 있다.

루프탑이라고 해서 불편하고 딱딱한 의자뿐만 아니라 푹신한 소파로 된 널찍한 좌석도 마련되어 있고, 세련된 디자인의 체크 모양 테이블과 파스텔 톤의 소파들이 안락하게 우리를 반겨준다.

이곳에서 시원한 바람을 맞으며 음악과 곁들이는 술을 한번 즐겨보는 건 어떨까…

THE SAL

© 사이드노트클럽

SKETCH

LONDON

Sketch the Music, Gallery.. and Food

일반적으로 "Sketch"라는 단어의 의미를, 하얀 도화지에 무언가를 그려나가는 일, 혹은 일의 계획을 간략하게 요약한다는 의미를 가지고 있다고 생각한다. 사실 단어의 또 다른 의미는 "신비로운"이라는 의미도 품고 있다. 내가 만난 "Sketch"라는 공간이 딱 이 단어를 공간적으로 설명한 곳이라 생각한다.
런던의 도시적 특징은 고풍스러운 유럽식 건축양식을 그대로 보존한 건물들과 외관을 해치지 않을 정도의 작은 간판들을 볼 수 있다. 스케치 역시 런던의 쇼핑 중심가 리젠트 스트리트(Regent Street)에 위치한 유럽식 건물에 위치했다. 주변의 건물들과 별반 다르지 않은 평범한 외관과 아주 작은 간판 때문에 그냥 스쳐 지나갈 법하다. 하지만, 공간 내부로 들어가면 심심할 틈이 없이 다양하게 전개된 공간들이 역시 "스케치 하구나!" 하게 된다.

런던에 살고 있는 나에게도 스케치는 특별한 추억을 만들어준 공간이다. 전체적인 공간은 마치 미로처럼 크게 5개의 공간으로 나누어져 있고, 각 공간에는 옆 공간에 전혀 방해 주지 않고 제각기 다른 음악들이 흘러나온다. 사실 층 간으로 분리된 공간들은 각각 공간 별로 음악을 틀어도 서로 방해되지 않지만 스케치처럼 같은 층에 존재하는 공간에 다른 음악이 흘러나오게 계획하려면 철저한 계산이 필요하다.
각 공간에서 들려오는 음악과 그 공간마다 차별화되고 유니크한 디자인 콘셉트는 마치 각각의 공간들이 어우러진 오케스트라 연주회를 상기시킨다.
스케치는 카페, 레스토랑, 바, 클럽, 아트 갤러리를 모두 포함하고 있는 복합 문화공간이다. 단순히 음식을 즐기는 레스토랑의 개념에서 벗어나 스케치란 공간 안에서 보고, 듣고, 음미하고, 소통하며 새로운 경험을 만들어 가는 요즘 트렌드에 맞는 문화공간인 셈이다. 항상 새로움을 추구하고 변화를 꾸준히 시도하는 다양한 배경의 문화가 공존하고 있는 도시, 런던의 모습과 유사한 면 을 볼 수 있다.

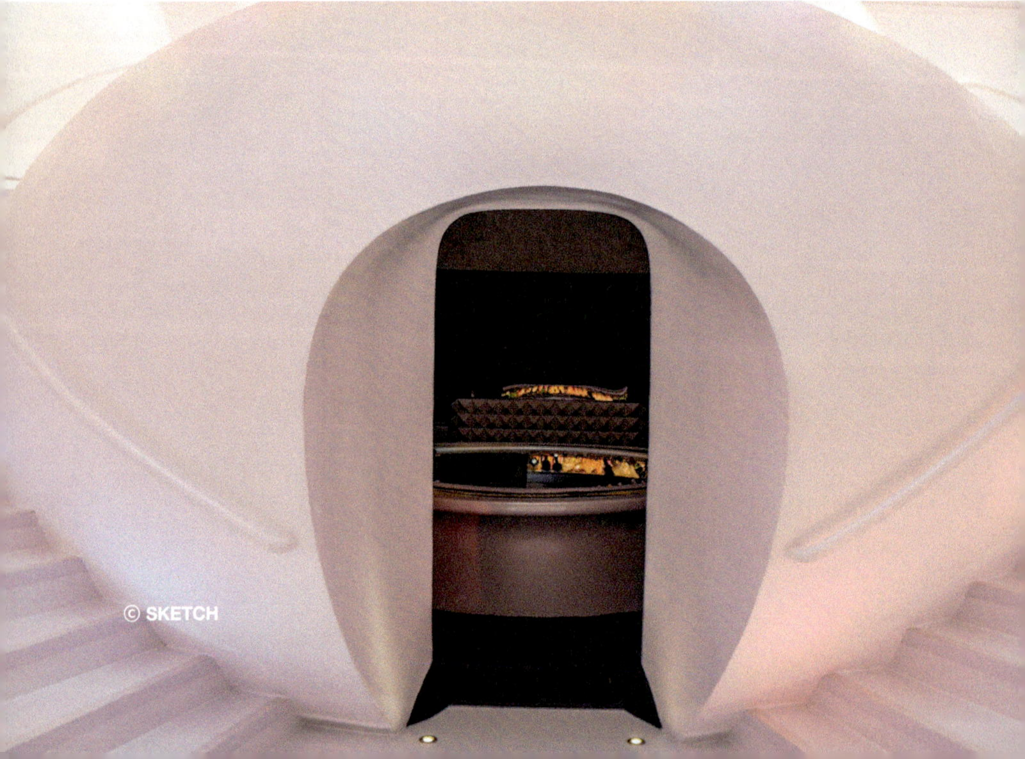
© SKETCH

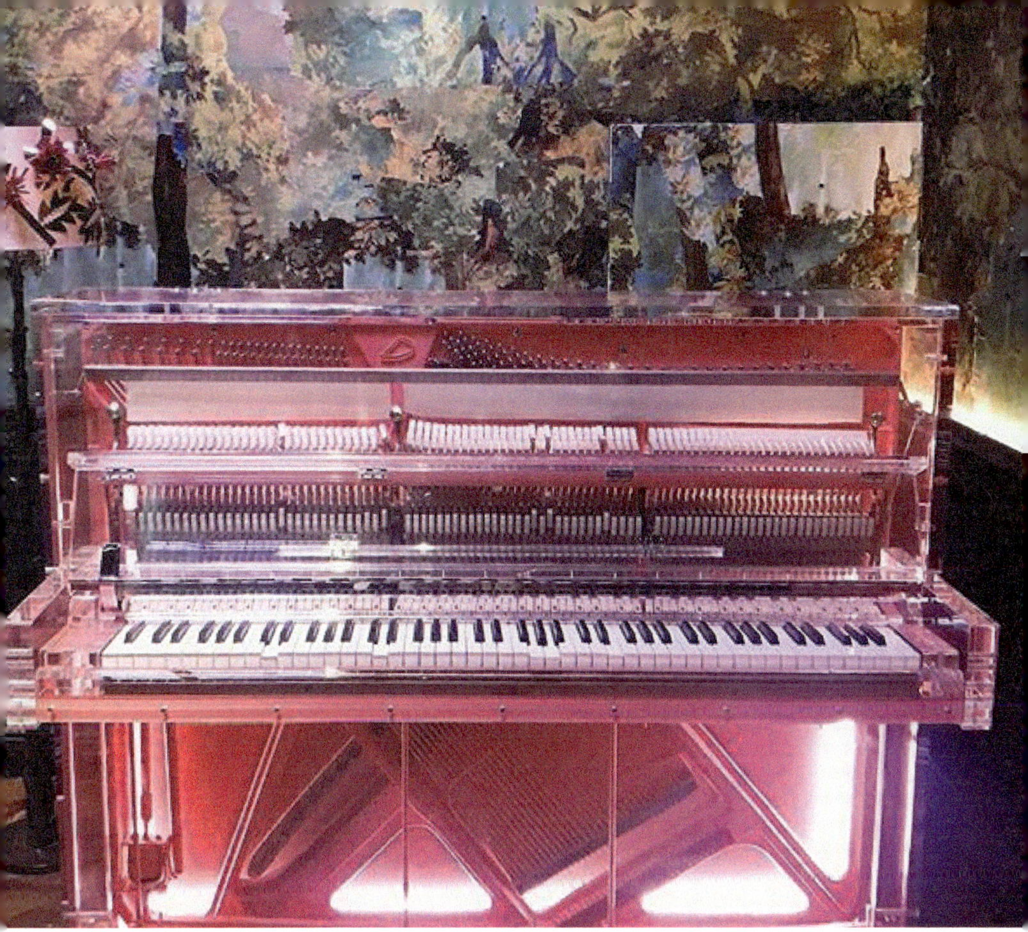

Close to Sketch

2003년에 오픈한 스케치는 런던의 중심가 리젠트 스트리트(Regent Street)에서 뻗어나가는 스트리트 중 하나, 9 콘듀이트 스트리트(Conduit Street)에 위치하고 있다. 이 건물은 1779년 스코틀랜드 건축가인 제임스 와트(James Wyatt)가 디자인 했으며, 1887년에서 1909년까지 영국 건축 학회 본사 건물이기도 했고, 20세기에는 유명한 세계적인 디자이너 크리스챤 디올(Christian Dior)의 아틀리에로도 사용되기도 했다. 이렇게 유서가 깊은 건물에 걸 맞는 문화와 음악의 공간 선두주자인 스케치가 오늘까지 자리 잡아 오고 있다. 스케치는 1층과 2층으로 나뉘어 있고, 총 5개의 공간으로 형성되어있다. 각각의 공간은 공간적 분리뿐만 아니라 테마와 콘셉트가 명확하게 구분되어 있다. 공간이 어떻게 "스케치" 되어있는지 자세히 들여다보자!

The Gallery

내가 가장 좋아하는 공간인 갤러리 공간은 스케치의 시그니처, 아이코닉 핑크 컬러의 다이닝(Dining) 공간으로 세계적으로 유명하다. 단순한 레스토랑의 개념에서 벗어난 아트 작품을 전시하고 있는 멀티 공간으로 더욱 주목을 받는다.

프랑스에서 활동하는 인도 출신 건축가이자 인테리어 디자이너인 Magdavi가 공간 디자인하였으며, 유명한 영국 아티스트 David Shrigley의 작품을 전시하고 있는 공간이다. 꽃잎의 모양을 연상시키는 연핑크톤의 벨벳 암체어와 소파, 연핑크로 페인트칠한 벽에는 David의 컬러풀하고 미니멀한 모던 아트 작품 91점이 전시되어 있고, 같은 색상으로 연결되는 연핑크 천장과 달리 블랙 & 화이트의 쉐브런 모양의 모자이크 타일로 바닥을 마감하면서 대조되는 포인트를 주고 있다.

Magdavi는 디자인할 때마다 주어진 공간 안에서 스스로 많은 질문을 하고 그 안에서 특별한 정답을 찾는다고 한다. 그리고 각각의 프로젝트는 그 안에 또 다른 내부 이야기가 있다고 한다. 이 갤러리 공간 역시 그녀가 얘기한 것처럼 한 공간 안에 두 가지 이야기가 공존하는 것 같다. Magdavi의 디자인이 우리에게 잔잔한 클래식을 들려주는 것 같다면 컬러풀한 David의 아트 작품은 펑키 팝을 들려주는 것 같다.

NOW
DEEDS
FOOL
ALBINO
SQUIRREL
NEWS
I WENT OUT FOR A WHILE AND THEN I CAME BACK
SHOPPING
CRAZY
WORLD EGG
NEWS
YOUR PIZZA HAS ARRIVED
WHAT THE HELL
© SKETCH

NEWS
WOMAN SPILLS COFFEE
RIGHTS FOR GOTHS
NEWS
I LOST A SHOE
THE MEMORY IS THE FIRST THING TO GO
NEWS
I WENT OUT FOR A WHILE AND THEN I CAME BACK

© SKETCH

NEWS
YOUR WINDOWS HAVE BEEN CLEANED
DISTRACTIONS
DISTRACTIONS
DISTRACTIONS
DISTRACTIONS
DISTRACTIONS
DISTRACTIONS
DISTRACTIONS
DISTRACTIONS
DISTRACTIONS
DISTRACTIONS
SHOP-PING
NEWS
YOUR PIZZA HAS ARRIVED
VANDALISM
VANDALISM
VANDALISM
VANDALISM
VANDALISM
VANDALISM
VANDALISM
VANDALISM
VANDALISM
VANDALISM
NO BRAINS

Lecture Room & Library

유능한 인테리어 디자이너 Gahban O'Keeffe가 디자인하고, 미슐랭 스타(Michelin Star) 상을 2005년, 2012년 두 번이나 받은 Lecture Room & Library. 최근에 리모델링을 마친 이 공간은 이전에는 비비드 한 원색 노란색과 빨간색을 사용해 마치 아프리카처럼 열대지방의 강렬한 태양의 해 질 녘을 연상시키는 콘셉트였다면, 이번에는 화이트 색상을 적절히 사용함으로써 부드럽고 편안한 공간을 연출하고 있다. 특히 이 방에 들어서면 제일 먼저 눈에 들어오는 것은 천장일 것이다. 기존의 전통적인 천장 몰딩에 실버, 핑크, 블루 페인트로 마감했는데, 색상 조합이 은은함과 동시에 세련미를 맘껏 뽐내고 있다. 이곳에서 식사를 하고 있으면, 마치 내가 영국 귀족이 된 듯한 느낌을 받는다. 그만큼 전통적인 영국 클래식 스타일을 잘 보여주는 공간이 이 공간이다.

© SKETCH

© SKETCH

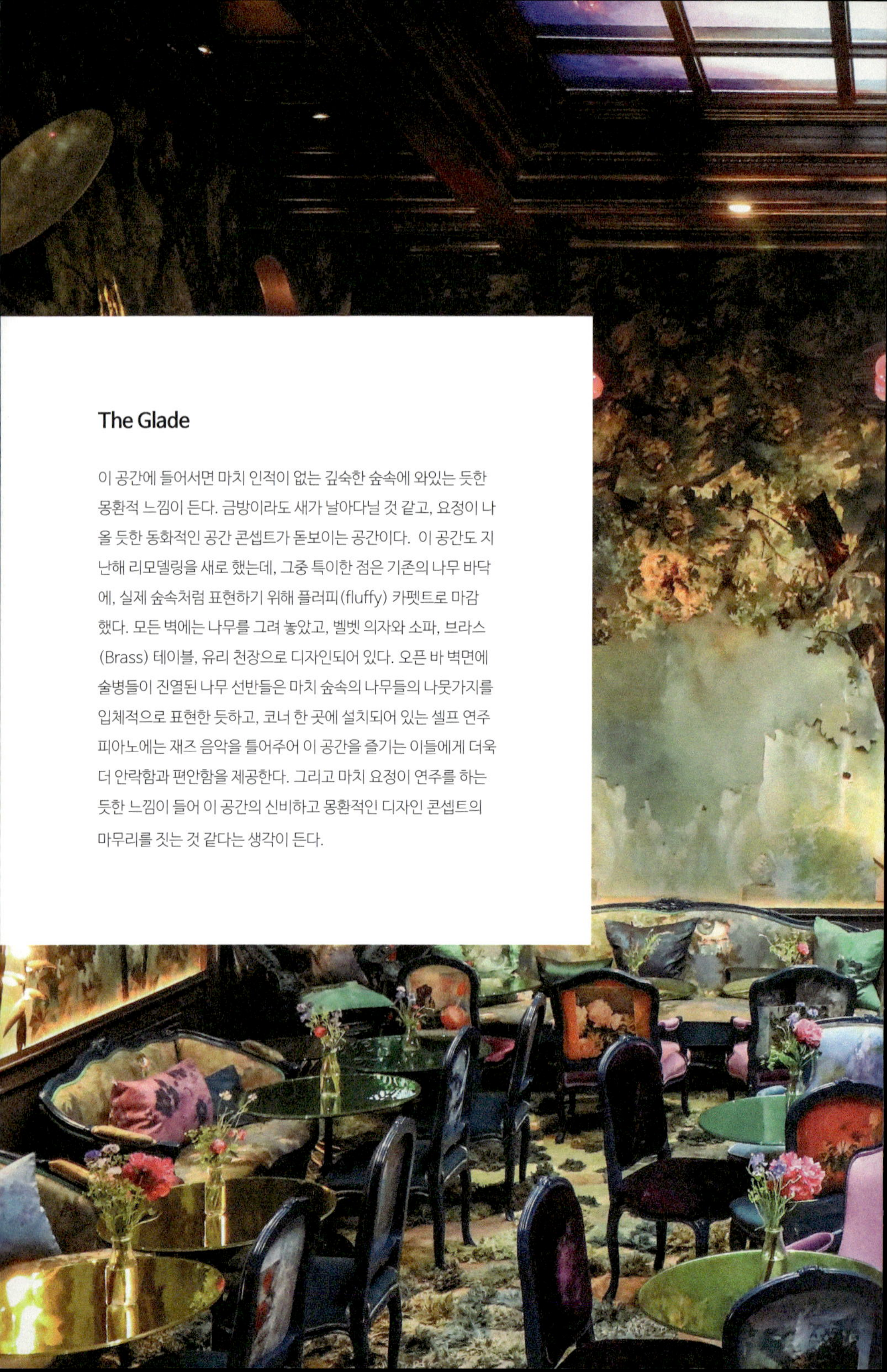

The Glade

이 공간에 들어서면 마치 인적이 없는 깊숙한 숲속에 와있는 듯한 몽환적 느낌이 든다. 금방이라도 새가 날아다닐 것 같고, 요정이 나올 듯한 동화적인 공간 콘셉트가 돋보이는 공간이다. 이 공간도 지난해 리모델링을 새로 했는데, 그중 특이한 점은 기존의 나무 바닥에, 실제 숲속처럼 표현하기 위해 플러피(fluffy) 카펫트로 마감했다. 모든 벽에는 나무를 그려 놓았고, 벨벳 의자와 소파, 브라스(Brass) 테이블, 유리 천장으로 디자인되어 있다. 오픈 바 벽면에 술병들이 진열된 나무 선반들은 마치 숲속의 나무들의 나뭇가지를 입체적으로 표현한 듯하고, 코너 한 곳에 설치되어 있는 셀프 연주 피아노에는 재즈 음악을 틀어주어 이 공간을 즐기는 이들에게 더욱더 안락함과 편안함을 제공한다. 그리고 마치 요정이 연주를 하는 듯한 느낌이 들어 이 공간의 신비하고 몽환적인 디자인 콘셉트의 마무리를 짓는 것 같다는 생각이 든다.

© SKETCH

The Parlour

다음은 90년대 초 퇴폐적이고 자유분방한 모습을 상기시켜주는 볼드한 패턴과 프린팅, 네온사인, 퀄키 스타일로 Andres Ros Soto가 새로 디자인한 Parlour 공간이다.

Parlour의 뜻은 개인주택의 응접실이란 의미로 이름에 걸맞게 제일 처음 접하게 되는 공간이며, 사람들을 반겨주고 접대하는 자유분방한 공간이라고 하겠다. 제일 먼저 우리 눈에 띄는 것은 컬러풀한 단색 사용, 간결하며 볼드한 패턴, 퀄키 콘셉트에 맞는 오브제들. 그중에서 발레리나 슈즈로 디자인된 다이닝 의자 다리의 깨알 같은 디테일이 돋보인다. 업무로 지친 회사원들이 간단하게 칵테일이나 음료를 음악과 함께 즐길 수 있는 캐주얼 한 공간이다.

© SKETCH

© SKETCH

The east bar & Pods

스케치의 시그니처 공간은 다름 아닌 화장실이다. 개인적으로 화장실 디자인 덕분에 스케치의 공간이 더 특별해 보이지 않았나 하는 생각이 들 만큼 디자인이 돋보이는 곳이기도 하다. 하부의 이글루 같은 공간을 중심으로 양쪽 커브를 따라 올라가게 되어있다. 왼쪽은 남성 여성은 오른쪽 계단을 따라 올라가게 되어 있는데, 계단의 초입에서는 보이지 않지만 어느 정도 올라가다 보면 보이는 흰색 타원체의 조형물들이 빼곡하게 보인다 "화장실이라고?" 할 만큼 비비드 한 퓨어 화이트 색상이 주는 채도와 컬러풀한 돔형 유리 천장 아래로 사람 키 보다 훨씬 큰 타원체의 특이한 조형물들을 만날 수 있을 것이다. 컬러풀한 라이팅 천장은 마치 알을 부화하기 위해 열을 제공해주고 있는 느낌이 든다. 전체적인 공간의 느낌은 영화 "2001 A Space Odyssey"의 우주 선체 내부의 모습에서 봤던 미니멀하고 퓨쳐리스틱한 느낌을 준다. 사실, 공간을 계획할 때 화장실에 큰 비중을 두고 디자인하는 경우는 드물다. 스케치는 화장실 공간까지도 하나의 공간으로 분리시켜 볼거리를 제공하며 공간의 프로그램적으로도 공간 자체로도 풍부한 이야깃거리를 제공한다. 실제로 이 화장실 디자인을 보기 위해 스케치를 찾는 사람도 있다고 한다. 이처럼 화장실을 실제로 이용하는 사람들뿐만 아니라 인증샷을 찍는 사람들로 많이 붐비기도 한다.
이 화장실 아래에는 일명 이글루라고 하는 칵테일 바가 있는데, 공간의 규모는 상대적으로 협소하지만, 그래서 더욱더 프라이빗하다고 느껴지는 공간이다.

런던에 여행이나, 출장 계획을 하고 계신 분들 중, 한 장소에서 클래식, 재즈, 팝 등 다양한 음악과 공간을 경험하고, 다양한 사람들과 소통할 수 있는 유니크한 공간을 찾는다면 스케치에서 여정을 스케치해보는 것은 어떨까?

공간기획이 힘이 되는 시대!

리테일 브랜드, 혹은 F&B 브랜드들은 자신의 아이덴티티를 확립하기 위해 전략적으로 반복적인 공간 디자인을 선보인다. 예를 들면 맥도널드 같은 경우 전 세계 어디를 가도 같은 분위기의 매장에서 햄버거를 맛보게 된다. 물론 처음 매장의 느낌은 시대에 흐름에 따라 변해왔지만 수천 개가 넘는 매장들은 그 마다 같은 컬러를 고집한다. 그것이 바로 브랜드 아이덴티티의 확립이다.
룰 아닌 룰처럼 프랜차이즈 브랜드들은 너나 할 것 없이 마치 ctlr+C(복사), ctlr+v(붙이기)를 반복하여 그 영역을 전투적으로 확장하며 자신의 존재감을 드러낸다. 이것이 수십 년 동안 브랜드가 공간으로 표현되는 "룰 아닌 룰" 이었다. 하지만, 약 50년 전쯤 유럽의 어느 디자이너가 브랜드를 런칭하면서 부티크를 오픈했는데 이 브랜드의 공간특성은 바로! "다르게 또 같게"라고 할 수 있다. 이 브랜드가 바로 폴스미스 이다. 폴스미스는 1970년 니트 6벌, 셔츠 2벌, 재킷2벌을 선보이며 3제곱미터의 아주 협소한 매장으로 시작했다. 그 이후 프랑스, 이탈리아, 일본, 태국 그리고 한국까지 매장을 확장했는데, 그의 독보적인 컬러플레이나 의류 디자인을 잠시 뒤로하고 공간적인 특징만 생각하자면 앞서 말한 바로 "다르게 또 같게"라고 정의하고 싶다. 현재 30여 개국 100개가 넘는 점포를 보유하고 있는데 단 한 매장도 같은 콘셉트의 디자인은 없다. 하지만 여기 중요한 것은 매장의 네이밍을 빼고 살펴봐도 우리는 단번에 "폴스미스"라고 알 수 있다. 바로 그게 브랜드가 가지고 있는 힘 아닐까?
사과를 한 입 베어 먹은 듯한 로고를 떠올리면 우리는 "애플"사가 떠오르고, 레드 바탕에 옐로 M자를 보면 맥도날드가 떠오른다. 이처럼 브랜드를 정의하는 여러 요소 중에 단연 로고의 컬러가 매우 중요한데 그 특징이 공간에서도 보여줘야 한다. 주의해야 할 점도 있는데, 각각 공간을 통일성 있게 디자인하면 브랜드의 컬러가 확실하게 보여지만 모든 매장을 다르게 갈 경우 통일성 없는 그저 "다르게"에 치우친다면 그들이 한 브랜드라고 보여지기 힘들 것이다.
이제는 더 이상 MANUAL(정형화)된 브랜드의 공간만이 그 브랜드를 대변하는 것은 아니다. NON-MANUAL(비정형화) 속의 MANUAL 그것이 2019년 새로움을 갈구하는 우리들에게 꼭 필요한 "KEY"라고 생각한다.
최근 몇 년 동안 브랜드를 넘어서 라이프스타일 변화와 소비의 패턴의 변화 속에서 가장 많이 야기되고 있는 것이 4차 산업혁명이다! 오프라인 소비시장이 하락세를 타고 스마트폰 세상에서 온라인 소비가 상향하고 있는 요즘, 소비를 만들어내는 상업공간을 운영하는 모든 브랜드들은 감기를 앓고 있다. 어떻게하면 끊임없이 소비자들의 발걸음을 공간으로 끌어당길 수 있을지 고민하고, 또 새로움을 선보이고 있다. 가장 핵심적인 요소를 두 가지를 꼽자면, 공간 비주얼의 차별화와 체험공간의 도입이다. 단순하게 옷을 입어보거나 화장품을 테스트하는 체험에서 국한되지 않고 공간 자체 내에서 소비 이외에 얻어 갈 수 있는 요소를 도입하고 있다. 다양한 분야의 아티스트나 작가들과의 컬래버레이션으로 이루어진 제품을 출시 그 제품을 돋보이게 하는 비쥬얼프리젠테이션(VP)존을 만들어 소비를 위한 공간에서 넘어서 전시회를 연상시키는 공간을 기획하고 있다. 꼭 그렇지 않더라고 폴스미스 매장처럼 공간 하나하나가 전시 공간으로써의 역할을 하며 같은 제품을 사더라도 꼭 특정한 매장에서 사고 싶게 만드는 공간 비주얼(Space Visualization)에 더욱 집중하고 있다.
아크네 스튜디오도 마찬가지의 특징을 보이고 있다. 아크네스스튜디오가 보유하고 있는 모든 매장 역시 같은 매장은 없다. 다르기만한 것이 답일까? 아니다!! 브랜드를 알리는 사인 없이도 "여기"라고 말할 수 있는 비밀! 그 비밀이 브랜드를 다시 한번 돋보이게 하는 공간비주얼의 힘을 살펴보자.

왜 LONDON!인가?

비쥬얼머천다이징의 시작은 어느 나라였다고 단정 지을 수 없지만 우리나라가 가장 많이 영향을 받은 나라는 사실 일본이었다. 서적을 찾아봐도 1950년대 백화점이라는 대형 소비 매장이 들어서면서 쇼윈도의 진열과 연출이 활성화되고 있었다. 그때 당시만 해도 마네킹에 옷을 입히고 동작을 바꿔주는 정도로 그치며 "디스플레이(연출)"라는 용어를 사용하고 그것이 우리나라에서 비주얼 머천다이징의 시작이었다. 하지만 그렇게 시간이 지나고 윈도 연출에서 매장으로 도입되면서 매장에 빼곡했던 행거들을 줄이고 마네킹, 소품, 가구 등 전체적인 공간의 비주얼화에 더욱 초점을 맞춰갔다. 하지만 이것도 여전히 디스플레이에 그치는 처우였다.

13년 전 밀라노에 있는 "10 corso como" 처음 방문했을 때 나에게 너무 충격 그 자체였다. 어떻게 생각하면 내 머릿속에 정형화된 샵의 모습을 찾을 수 없었기 때문이다. 가든이 있는 커피숍인가? 아니면 레스토랑에서 운영하는 샵인가? 그것도 아니면..
패션 강국인 이태리나 프랑스 등 유럽에서 보여주는 비주얼이라고 하기에도 너무 다른 모습이었다.

유럽 국가 중 영국 또한 패션을 빼고 이야기할 수 없는데 앞서 언급한 폴스미스, 비비안웨스트우드, 지미츄, 케스키드슨, 탑샵 등 다양한 패션 브랜드를 보유하고 있다. 10년 전쯤이었을 것이다. 아시아와 다르게 유럽은 몰의 개념보다는 플레그십 스토어나 단독 매장이 많았는데 런던에 쇼핑몰이 하나 둘 늘어나면서 기존에 가지고 있던 패션 시장을 바꾸고 있있다. 몰로 사람들이 모이면서 기존의 스트릿 매장들도 변화를 시작했는데 런던 패션 중심거리 리젠트스트릿(RegentStreet)에서 킹스크로스(King's Cross)라는 아주 오래되고 다소 낙후되었던 커넬이 흐르는 상업지역에 Coal Drop Yard라는 새로운 스타일의 디자인 공간을 창출했다. 뿐만 아니라 쇼디치(Shoreditch), 올드 스트릿(Old Street) 등 아티스트들의 성지인 이스트런던(East London)까지도 그 여파가 확산되고 있다.

"런던 스타일"에 국한되지 않고 4차 산업혁명을 대비한 새로운 형태의 콘텐츠와 소비가 공존하는 공간들 그 공간에서 보이는 공간 비주얼(Space Visualization)을 소개하고자 한다.

TREND!

'방향, 경향, 동향, 추세, 유행' 등의 뜻으로 보통은 패션분야에서 많이 쓰이는 용어로써 현재의 패션 경향을 말한다. 그렇다면 공간에도 TREND가 있을까? 당연히 존재한다.

우선 공간의 트렌드는 한 가지 스타일로 단정 지어 말하기에 어려움이 있다.

북유럽스타일, 스칸디나비아 스타일 등 한 번쯤 들어봤을 것이다. 이는 그 나라가 가지고 있는 전통적인 문양이나 컬러와 패턴을 활용해 공간을 디자인하는 것을 말하는데 쉬운 예로, 머릿속에 북유럽 스타일이라는 단어를 떠올리면 모노톤의 기하학적 문양의 타일이나 패턴으로 된 패브릭을 연상하게 된다. 이는 우리가 그 패턴과 컬러가 주는 상징적인 이미지를 북유럽 어디선가 많이 볼법한 스타일이라고 정의했기 때문이다.

그렇다면 그것은 과연 옳은 방법이었을까?

한국을 떠올린다고 생각해보자, 어떤 그림이 연상되는가? 기와의 곡선, 청기와의 색상, 조각보의 색색의 조각들이 떠오를 테지만 전통가옥에서 빼고는 우리가 청기와의 색상만으로 이 공간은 한국 스타일의 공간이라고 정의 내리기 힘들다.

이처럼 공간은 어떠한 스타일로 정의를 한다 하기보다는 그 시대에 흐름에 맞는 공간 구성 방법이나 공간을 채우는 소품, 마감재에 따라서 그 시대의 TREND를 읽을 수 있을 것 같다.

언제부터인지 정확하지는 않지만 상업공간에서 노출된 천정을 많이 볼 수 있게 되었다. 대 바라지게 모두 보이는 배관들과 전선들 그리고 천정 형 에어컨까지 그게 디자인으로 인식 된지는 얼마 되지 않았다. 언제부터인가 그 배관들까지도 디자인의 하나로 보이면서 때로는 의도적으로 노출시키기도 한다.

몇 년 전 우리나라 리빙페어에서 다양한 형태를 가지고 있는 가구나 소품들이 디자인 페어에서 선보여지면서 우리가 생각할 수 없었던 다양한 형태의 가구들이 눈에띄기 시작했다. 대형 얼굴 형태를 하고 있는 싱글 소파라던가 파도를 연상시키는 조명 등 "이런 형대로도 가능한가?" 할 정도로 눈이 휘둥그레지는 형태들을 볼 수 있었다면 최근에는 새로운 형태의 소재들이 눈길을 끌고 있다.

마감재의 경우도 마찬가지다 벽면에서만 보이던 마감재가 어느 날 가구의 마감재로도 탈바꿈되어있고, 가구소재로만 생각했던 마감재가 조명이나 벽 마감으로 쓰이게 되기도 하며 마감재의 경계는 더더욱 무너지고 있었다. 지난해 메종오브제에서 마찬가지로 다양한 소재를 선보이기도 했다 우리가 익숙하게 쓰고 있는 소재들이 꼭 그렇게만 쓰이지 않아도 된다고 일깨워 주듯이 소재 또한 경계가 무너지고 있다고 생각한다.

소품들은 어떠한가? 액자 프레임을 생각해보자 공간이던 액자 하나 정도는 꼭 걸려있기 마련이다. 공간의 얼굴인 입구 쪽이나 시간을 많이 보내게 되는 거실 공간의 한쪽 벽에는 마치 법칙처럼 커다란 액자가 있다. 누구는 가족사진을 크게 걸어 두기도 하고 또 누군가는 멋스러운 그림을 걸어 두기도 한다. 그렇게 "벽에는 액자 프레임!"이라는 법칙처럼 그렇게 만들어져 가는데 최근 눈에 들어오는 액자는 아닌 액자 같은 벽면 디스플레이 소품이 보여지기 시작했다.

지금의 트렌드를 만드는 KEY 트렌드에 좀 더 가까이 가보자.

TREND!

As a term much used in the fashion field in general with the typical meaning of 'direction, tendency, drift, inclination, fashion' and such, TREND refers to the fashion tendencies of the present. If so, does TREND exist in space as well? Of course, it does.

First of all, there is difficulty in concluding the TREND of space in one single style.

Everybody has probably heard of the Northern European style, Scandinavian style, etc. once or twice. This refers to the designing of a space utilizing traditional marks or colors and patterns the country has. To give an easy example, when recalling the words, Northern European style, you are reminded of fabric with tiles or patterns of monotone geometric marks. This is because we have defined the symbolic image rendered by those patterns and colors as a style that could often be seen somewhere in Northern Europe.

This begs the question: was that really the correct way to do it?

Let's think of recalling Korea. You'll likely be reminded of curves of roof tiles, the color of blue roof tiles, and colorful pieces of patchwork, but excluding the traditional houses, it is hard for us to define a space as conveying Korean style just by the color of its blue roof tiles.

Like this, rather than to define space with a certain style, it seems more feasible to read the TREND of the times according to the space composition methods or props and finishing material that fill the space, which are suitable for the stream of times.

Although when it had started is inexact, we are now able to see a number of exposed ceilings in commercial space. It hasn't been long since the pipes and wires to ceiling-mounted air conditioners that are all openly displayed in an impudent manner have come to be recognized as a design. From an unknown point in time, even the pipes have been viewed as a part of the design and thus, have sometimes been exposed intentionally.

EDITION 5

MOLO

Archidreamer

© MOLO

MOLO

molodesign.com

workplace as living space · molo at MAISON&OBJET.
The tactile act of rearrangement heightens the sensory experience of one's surroundings and deepens the emotional connection to place. At MAISON&OBJET 2019, in an immersive installation composed of the new aluminum textile collection, molo proposes an environment that empowers individuals to define a modern, multifunctional workplace through physically flexible space making.

Using a honeycomb geometry to flex, expand and compress, in a multi-patented system with magnetic end panels for modular arrangement, molo's soft collection invites users to literally bend space to shape places for interaction, focus and wellness. Where hard materials dictate a room, molo's fluid forms welcome the end user to endlessly invent and redefine how it is engaged, whether
for the daily rituals of life and work, or in a complete reimagining for special occasions.

softwall unfurls from flat pack within seconds, curving to encircle acoustic meeting areas, or stretching out to delineate areas of work and rest in an open-plan. High-backed benchwalls arc and sweep in moveable seating topographies. cantilever tables, populated by foldable stools and topped with spinning circles of sketching paper, offer gathering points for dynamic idea-sharing between colleagues.

All under a soft, undulant canopy of sound-absorbing cloud lights with CRI+90 LED.
aluminum textile, which has been micro-coated with the actual metal, provides a new lively range of reflected light and shadow across the pleated surfaces of these flexible structures. At M&O aluminum textile benchwalls and softseating join softwall for their European premiere. With use, these designs take on the quality of hand-worked silver, a beautiful patina of shining facets developed through

© MOLO

"시간의 흐름이 또다른 공간을 만든다"

MAISON & OBJET 의 생활 공간에 molo는 촉각 행위는 주변 환경의 감각 경험을 높이고 장소와의 정서적 연결을 심화시킨다.
MAISON & OBJET에서 새로운 알루미늄 섬유 컬렉션으로 구성된 부스설치에서 molo는 물리적으로 유연한 공간 제작을 통해 개인이 현대적이고 다기능적인 작업공간을 정의하는 환경을 제안한다.

모듈형 배열을 위한 엔드 패널이 있는 특허 시스템에서 molo의 소프트 컬렉션은 벌집 형상을 사용하여 휨, 확장 및 압축을 통해 사용자로 하여금 설지물과 상호 작용 및 웰니스를 위한 공간으로 초대한다.

단단한 재료가 공간을 지시하는 곳에서 molo의 유체 형태는 최종 사용자의 일상이든 특별한 경우에서든 그것이 어떻게 관여되는지를 끊임없이 발명하고 재정의할 수 있도록 하고있다.

소프트월은 몇 초 안에 평평한 팩에서 펼쳐지며, 음향 회의 영역을 둘러싸기 위해 커브하거나, 작업 공간을 묘사하고 개방형으로 등받이가 높은 벤치월은 움직일 수 있는 좌석 지형을 따라 호를 그리며 공간을 구획한다. 접이식 의자로 채워지고 스케치 용지의 회전원 위에 있는 캔틸레버 테이블은 동료들 사이의 역동적인 아이디어 공유를 위한 수집 지점을 만들기도 한다.

CRI+90 LED로 흡음하는 구름 조명의 부드럽고 무뚝뚝한 캐노피 아래.
실제 금속으로 코팅된 알루미늄 직물은 이러한 유연한 구조의 주름진 표면에 걸쳐 새롭게 반사된 빛과 그림자의 활발한 범위를 만든다.

알루미늄 섬유 벤치 월과 소프트 시트는 유럽프리미어를 위해 만들어졌다.
이 디자인은 사용하면서 즐거움을 통해 수작업으로 만든 은으로 사용자들이 사용하면서 자연스럽게 만들어진 면에서 더욱 풍부한 은빛을 만들어 낸다.

© MOLO

mo

Led by Stephanie Forsythe + Todd MacAllen, molo is a design and production studio based in Vancouver, Canada. Balancing between the realms of art, design and architecture, molo products and projects are grounded in space making and range in scale from tea set to museum.
The design of molo products stems from Forsythe + MacAllen's architectural exploration. They are inspired by the concept of smaller, tactile objects having true potency in the experience of a space. By working across a range of sizes, Forsythe + MacAllen discover how furniture can heighten the sense of human scale and experience in architecture, or how furniture and product design benefit from thinking in the larger context of place and space making.

Hands-on making has always been fundamental to Forsythe + MacAllen's design process. Ideas pass from mind to hands to material and back again, ingraining a tactile sense of materiality, construction, space and experience. This process has developed to include experimentation with factory production, in close collaborations with manufacturers. It is a way of working that leads to happy accidents and discoveries, inspiring design improvisation and original thinking.
molo's award-winning soft collection, comprised of flexible space partitions, lighting, seating and table elements exemplifies their exploration of production process and experiential space making. Recognized for poetic beauty and pragmatic innovation, softwall and softseating were acquired by the Museum of Modern Art for their permanent collection. molo and the soft concepts have also been honoured with the prestigious Danish INDEX award for design to improve life.

Forsythe + MacAllen began working together in 1994 at Architecture school. Constructing a number of houses and small-scale objects, Forsythe + MacAllen won several international competitions for design projects and conceptual ideas, including Grand Prize in the Aomori Northern Style Housing Competition, juried by Tadao Ando and Jean Nouvel. The Aomori submission would later evolve into the waterfront Nebuta House, a museum dedicated to its namesake festival. These early projects and ideas have become molo's foundations. Since its formation in 2003, molo has assembled a dedicated team and grown into a thriving collaborative design and production studio. Additionally, molo has an extended family of specialized manufactures, consultants and contractors that they work with in a beautiful endeavour to bring imagination to fruition.

© MOLO

© MOLO

molo

© MOLO

set up use + care

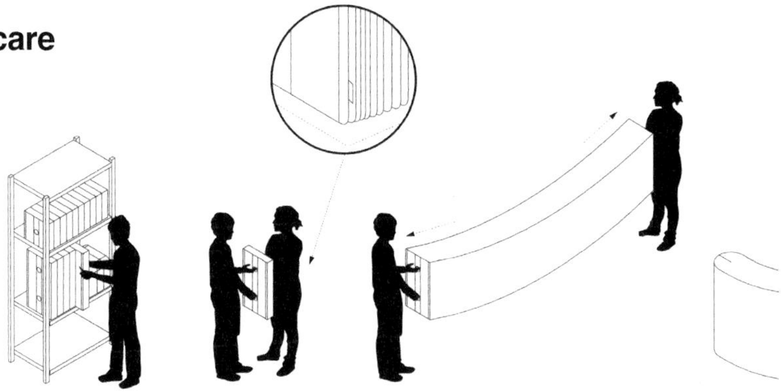

step 1: Compressed softblocks can be stored horizontally or vertically, like books on a shelf.
1 단계 : 압축된 소프트 블록은 선반에 있는 책처럼 수평 또는 수직으로 저장할 수 있다.

step 2: Stand softblock with rounded edge side on bottom. With a person at each end of soft-block, take a firm hold on the circular hole handles.
2단계: 밑면에 둥근 모서리가 있는 소프트블록을 세우고, 소프트 블록의 양쪽 끝에 사람이 있는 경우 원형 구멍 손잡이를 단단히 잡는다.

step 3: Stretch softblock. Pull until you feel strong tension from the person on the other end, then hold in that position for a few minutes. When opening, lift ends of block 3cm (1") off the floor, rather than dragging the end panels. If softblock is still not staying open to length desired (max. length of 4.5m (15')), repeat stretching process. Note: paper softblock uses a stiffer material and requires extra stretching.
단계 3: 소프트블록을 스트레치한다. 상대방의 긴장감이 강해질 때까지 끌어당긴 다음 몇 분 동안 그 자세를 유지한다. 블럭의 끝을 3cm(1")로 열고 엔드 패널을 끌지 않고 바닥에서 들어 올린다. 소프트블록이 여전히 원하는 길이까지 열려 있지 않으면 반복적으로 다시 펼쳐준다.
* 종이 소프트 블록은 더 단단한 소재를 사용하며, 추가 스트레칭을 필요로 한다.

step 4: Fold each magnetic end panel vertically onto itself as shown in diagram. This stabilizes softblock so that it is completely freestanding. You may also connect the magnetic end panel of one softblock to that of an adjacent softblock to create longer expanses, or connect it to other steel surfaces. Please ask molo about the steel strip accessory which can provide an anchor point for softblocks.
4단계: 다이어그램에서 보듯이 각 자기 엔드 패널을 수직으로 접는다. 이것은 소프트블록을 완전히 독립되도록 안정화시킨다.
또한 하나의 소프트 블록의 자기 끝 패널을 인접한 소프트 블록의 자성 끝 패널과 연결하여 더 긴 확장을 만들거나 다른 강철 표면에 연결할 수 있다.

step 5: To rearrange the position / shape of the softblock, hold the fins between your knuckles, lift gently and pull into place. Pulling softblock is better than pushing into a desired position, as pushing may crush and soften the fins on the bottom of the block.
softblocks may be stacked in horizontal layers to reach a desired height.
5단계: 소프트블록의 위치/모양을 재정렬하려면 손가락 마디 사이에 핀을 끼우고 부드럽게 들어 올려 제자리로 당긴다. 소프트 블록을 당기는 것은 원하는 위치로 밀어 넣는 것보다 낫다. 밀기가 블록의 바닥에 있는 지느러미를 으깨고 부드럽게할 수 있기 때문이다. 소프트블록은 원하는 높이에 도달하도록 수평층으로 적층될 수 있다.

use + care

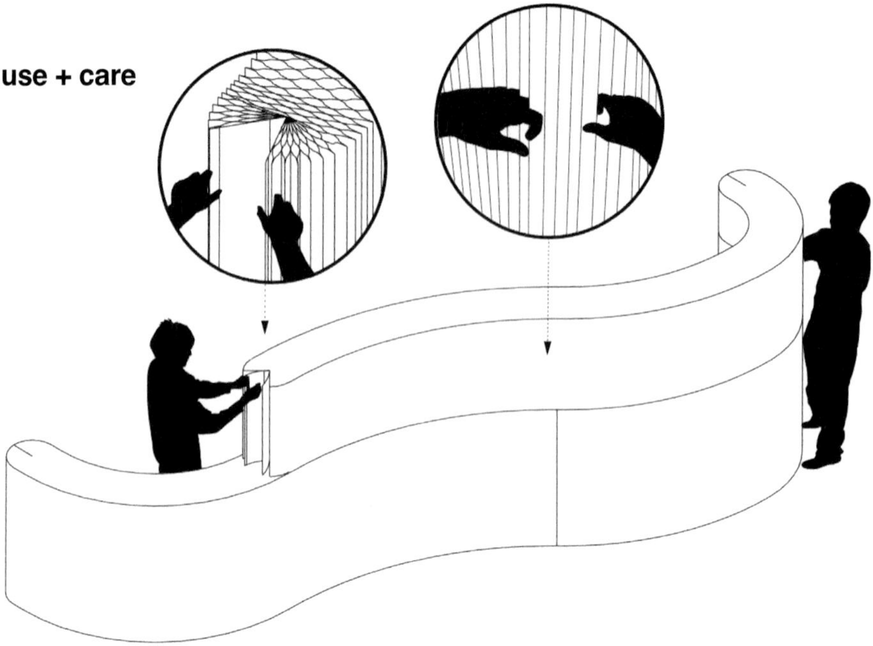

· 소프트월을 설치하기 전에 바닥이 평평하고 깨끗하며 건조한지 확인합니다.

· 섬유 소프트월 + 소프트블록은 물, 눈물, 자외선 저항성(태양광에서는 변색되지 않을 것)이다.

· 크라프트지 소프트월 + 소프트블록은 습한 환경이나 습한 환경에 적합하지 않다.

· 베이비 와이프는 섬유 소프트월 + 소프트블록(또는 비마모 천 + 물)을 청소하기에 잘 작동한다.

·섬유 소프트월 + 소프트블록은 먼지를 끌어들이지 않는 대전방지재로 만들어진다. 소프트월 + 소프트블록을 압축한 다음 확장하면 셀을 통해 공기를 밀어내어 내부에 모인 먼지를 불어낼 수 있다.

· 소프트월 + 소프트 블록은 형상 기억을 되찾기 위해 주기적으로 닫히고 며칠 동안 압축 상태로 남겨짐으로써 이익을 얻을 수 있다.

· 깨끗한 선택적 울 펠트 핸들은 보풀 브러시 또는 축축한 천으로 처리된다.

· 바닥을 청소하면서 후크에 소프트월을 압축하여 보관한다. 조각상의 터치를 위해, 자기 단부 패널은 후크 주위로 닫혀 반 열이 형성될 수 있다.

· 소프트월의 작은 틈을 고치고 세부사항을 문의하는 것 또한 가능하다.

·소프트월 +소프트블록은 긴 수명을 목적으로 한다. 그럼에도 불구하고, 그것들은 100% 재활용 가능한 재료로 만들어진다 섬유 소프트월은 100% 폴리에틸렌이고 재활용 스트림에서 _이다.

· Ensure that floor is flat, clean and dry before setting up softwall.
· textile softwall + softblock are water, tear and UV resistant (will not discolour in sunlight).
· kraft paper softwall + softblock are not suitable for wet or humid environments.
· Baby wipes work well for cleaning textile softwall + softblock (or any nonabrasive cloth + water). If there is a stubborn stain on textile softwall try "Mr. Clean magic eraser". Use with care as they can abrade the textile.
· textile softwall + softblock are made from an antistatic material which does not attract dust. Compressing and then expanding softwall + softblock will push air through the cells, blowing out dust that has collected inside.
· softwall + softblock will benefit from periodically being closed and left in a compressed state for a few days in order to regain shape memory.
· Clean optional wool felt handles with a lint brush or damp cloth.
· Compress and store softwall on the wall hook while cleaning floors. For a sculptural touch the magnetic end panels may close around the hook to form a half column.
· It is possible to repair small tears in softwall, ask for details.
· softwall + softblock are intended to have a long, useful life. Nevertheless, they are made with material that is 100% recyclable (just remove magnetic end panels). textile softwall is 100% polyethylene and is in the recycling stream.

© MOLO

© MOLO

©Archidreamer

ARCHIDREAMER

© Archidreamer

Q: 상호의 의미나 탄생 일화가 궁금합니다.

상호는 큰 고민없이 (개인적) 건축에 대한 애정과 동경을 담아 지었습니다. Architecture + Dreamer 입니다.
오랜 시간 인테리어디자이너로 일해오며 건축이라는 틀 안에 속해 있었는데, 2015년 잠시 실무를 떠나 런던으로 유학을 오게 되었습니다. 작업자가 아닌 관찰자의 입장에서 건축이라는 것을 보다보니, 그 속에 제가 그동안 물성으로 표현할 수 없던 수많은 아름다움이 있다는것을 알게 되었어요. 햇빛의 움직임과 건축이 만나는 순간이나, 느리게 흘러가는 시간 등. 건축이라는 소재 안에서 우리가 경험하고 기억할 수 있는 아름다운 순간을 표현해 보고 싶어서 작업을 시작하게 되었습니다. '건축과 빛의 움직임' 이라는 주제에 대해 꽤 긴 시간동안 연구를 해 왔는데, 논문, 가구와 공간 디자인, 영상작업 등 한가지 주제를 여러 작업에 접목 시키며 풀어내 보았기에, 오랫동안 머릿속에 남아있던 잔상 같은 그림이 있었던것 같아요. 잠시 출산이라는 이유로 일을 쉴 기회가 있었는데, 그 시간에 꾸준하게 상상했던 공간을 그렸고. 아키드리머 첫번째 컬렉션인 스트럭쳐시리즈는 그렇게 탄생했습니다. 2018년 런던 디자인위크에서 아키드리머의 첫 컬렉션을 선보였고, 너무나 운이 좋게도 첫 판매처가 루이비통사에서 운영하는 파리 봉마르세 백화점이 되면서 아키드리머를 세상에 알리게 되었습니다.

Q: Archidreamer의 방향성과 추구하는 디자인 지론이 있다면 어떻것일까요?

아키드리머가 추구하는 디자인지론은 첫번째, 트랜드를 쫓지 않을 것. 두번째, 계속 같은것을 더 많이 관찰하고 더 깊게 연구할것. 세번째, 정확한 아키드리머만의 스타일을 만들것. 입니다.프린트와 러그, 페브릭 제품을 출시했는데 저의 직업이 인테리어 디자이너 이다보니 자꾸 리빙에 관련된 제품들이 만들어 지고 있어요. 트랜드에 상당히 연결되어 있는 분야라 쉽게 트랜드를 따라가게 마련인데, 아키드리머는 리빙브랜드가 아니라 한명의 아티스트로 성장하고싶어요. 아키드리머는 제가 사랑하는 하나의 주제를 관찰하면서 만들어진 브랜드이고, 그 주제를 가지고 지금까지 계속 새로운 소재들로 표현을 해보고 있고요. 이것은 하나의 연구과정이라고 생각합니다. 이것을 더 깊게 연구한다는 생각을 가지고 있지 못한다면 '돈되는것은 다 하게되는' 사업자가 될것 같아서 그 일을 피하고 싶고요. 한명의 아티스트로 저만의 스타일을 지닐 수 있도록 꾸준하게 아키드리머 만의 디자인을 구축해 나가고 싶습니다.

Q: 사람들에게 어떤 이미지의 브랜드로 인식되시길 바라시나요?

사람들이 아키드리머를 브랜드로 인식하기 보단, 언젠가 컬렉션이 정말 많아진다면, 아키드리머란 개인을 건축에 미쳐있는 사람으로? 기억해 주셨으면 좋겠어요. 건축 안에서 일어나는 지나치기 쉬운 경험들을 참 사랑하고, 그것을 계속해서 표현하고 싶고요. 하나의 건물 (물체나 사용자의 입장에서 쓰임을 위한 도구)로써의 건축이 아니라, 멋진 기억이나 순간. 경험을 만들어내는 하나의 공간으로써의 건축을 표현하고 싶어요.그리고 제 그림을 통해 많은 분들께서도 건축이라는 공간 안에서, 그 아름다움을 기억하고 간직할 수 있었으면 좋겠습니다.

Q: Archidreamer의 좋은 작업들이 많지만 그중에서 가장 애착이 가는 작업은 어떤것이 있을까요?

첫번째 컬렉션 스트럭쳐시리즈중 01번 작품입니다. 스트럭쳐시리즈 01, 02번 딱 두 그림만 25에디션 리미티드 작품으로 제작을 했었는데요. 수작업으로 찍어낸 실크스크린 작품이었어요.
모든 아키드리머의 작품이 상상속의 공간을 담았다면, 스트럭쳐시리즈 01번만 존재하는 건축사이트를 그린거였어요. 존경하는 건축가 Luis Barragan 이 자신을 위해 디자인한 Casa Luis Barragan 예요. 미니멀한 건축과 강렬한 빛의 만남은 너무 아름다워서, 제 상상속에 있었던 공간을 현실에 꺼내놓은것 같았어요. 이걸 실크스크린으로 제작해보고 나니 뭔가, 햇빛과 건축의 만남을 조금 더 묘사해보고 싶어졌고, 상상속의 그림들이 꺼내어져 나왔어요.
또 하나 제가 애정하는 작품은 데이투나잇 컬렉션이예요. 단순하지만 이른 아침부터 저녁까지 해가 뜨고 지며 변화되는 모습을 담았어요. 시각적인 아름다움도 중요하지만, 데이투나잇은 정적인 느낌과 천천히 흐르는 시간이 담겨있어서 그런지. 보고있으면 마음이 편안해져요. 제가 작업을 통해 표현하고 싶은, 건축에서 물성으로 만들어낼 수 없는 아름다운 순간에 대한 기억이예요.

© Archid

© Archidreamer

Q: 한국이 아닌 런던에서 런칭을 하시게 된 계기가 있을까요?

런던에 살고있고, 이곳에서 인테리어 디자이너로 계속 일을 하고 있기 때문에 런던런칭이 현실적으로 가장 알맞은 방법이었어요. 런던 런칭의 이유가 되진 않았지만, 제가 런던에 살고 있기 때문에 용기를 내어 아키드리머를 런칭 할 수 있었다는 생각은 하고 있어요. 런던에 와보니 오리지널 프린트 (실크스크린)이 상당히 높은 비율로 판매가 되고 있었고, 일반인들에게도 아트는 상당히 가까운곳에 존재하는 단어였어요. 아티스트의 스타일과 오리지널리티를 상당히 존중하고 중요시 여기는 분위기 였고요. 그래서 제 작업이 트랜드엔 어떨지 모르겠지만, 오랜시간 연구해왔고, 진지한 저의 히스토리가 담겨 있어서 오리지널리티를 가진 작품이라는 자긍심이 있었어요. 그런 분위기가 제가 취미생활처럼 시작했던 작업들을 세상에 선보일 수 있도록 용기를 주었던 것 같아요.

Q: Archidreamer의 작품은 매우 유니크하고 독보적이라고 생각합니다. 어떤점에서 그렇다고 생각하세요?

단순하게 한가지 메세지만 담아내고 있다는것이 아키드리머의 특별한 점인 것 같아요. 어떤 그림이 유행할까를 고민하지 않아도 되고요. 저는 끊임없이 건축만 보고 건축 안에서 재미있는 요소들을 찾아보고 싶어요. 그런 요소들을 찾아내는건 저의 일상이자 즐거움이니까요.

Q: Archidreamer의 감각이 돋보이는 다른 오브제들도 만들 계획이 있으신가요? 그렇다면 어떻게 될까요?

여러가지 디자인을 하고있고 제작도 시도를 해보고 있는데 아직까지는 미정입니다. 아키드리머 스러운, 정말 소개하고 싶고 오브제가 나와준다면, 언제든 기쁘게 출시할 예정입니다.

Q: Archidreamer의 앞으로의 디자인 계획이 궁금합니다.

계획을 가지고 디자인을 하고있지는 않아요 하하^^ 저는 정말 다작을 하는 편인데, 일단 생각이 나면 무조건 디자인을 해봐요. 인테리어에선 쓰임을 생각하며 작업을 하게 되는데, 아키드리머가 저에게 참 좋은 이유는 그 쓰임을 생각하지 않고 그냥 자유롭게 디자인 할 수 있다는 거예요. 디자인을 해놓고 나서 여러가지 소재와 방법으로 제품을 완성시켜요. 꼭 제작해야하는 제품이 있다면 그곳에 적합한 디자인을 선택하고요.

그래서 앞으로의 방향은, 더 다양한 제품이나 브랜드와의 콜라보레이션이예요. 이제 유럽에서 아키드리머의 콜라보가 갓 시작되었는데, 곧 소개해 드릴 수 있을 것 같아요. 다른 전문적인 브랜드들과 콜라보를 통해 제품을 만들어보려해요. 그리고 유럽에서는 50%이상의 고객님들이 건축가와 인테리어 디자이너 분들이신데^^ 아티스트 호텔이나 공간을 계획할때 콜라보레이션 제안이 많이 들어오고 있어요. 아키드리머 디자인을 프린트뿐 아닌 다양한 분야에서 만날 수 있게 만드는게 목표입니다. 런던에서는 한 분야의 디자이너가 존재한다기 보다는, 한명의 아티스트가 모든 분야에서 자신의 스타일을 가지고 활동을 하는 사례를 많이 볼 수 있어요. 아티스트가 자기만의 패턴을 가졌으면 그 패턴으로 인테리어도 하고 제품도 만들고 광고도 하고 의상디자인도 하고요. 이제 아키드리머가 나가야할 방향이라고 생각하고 있고요. 활동 반경을 늘리고 스타일을 구축하고자 노력하고 있어요.

Q:작업을 하실 때 주로 어디서 영감을 받으시나요?

건축과 인테리어는 직업적으로도 늘 만나지만, 개인적인 취미생활 취향 그 모든곳에 늘 존재하는 단어입니다. 사소하게 지나칠법한 많은 건축적 요소들에서 감동을 받곤 하는데 (감동 잘받는 스타일 ㅋㅋ) 작업으로 표현을 하면 할수록 그 잔상이 더 오래 남더라고요.되도록 많은 건축을 경험하려고 하고있고요. 좋은 기억은 잊혀지기 전에 열심히 작업으로 기록하고 있어요.

Q: Archidreamer의 컬러 바리에션은 과연 가장 돋보이는 부분 중 하나라고 생각합니다. 컬러를 배치 하실 때 가장 중요한 부분은 어느 부분일까요?

첫번째 컬렉션인 스트럭쳐시리즈가 컬러로 조합된 작품이다보니, 아키드리머의 첫 인상에 늘 컬러를 떠올리시는 것 같아요. 작품에서 컬러보다는 빛의 온도를 떠올리며 컬러팔렛트를 만들어내는 편이고요. 제가 그 공간을 상상했을 때 기억을 떠올리며 색상을 선택합니다. 예를들어 스트럭쳐시리즈 10번 그림의 경우, 처음으로 한국에 있는 어떤 곳에 휴가를 갔다가 영감을 얻게 되었는데, 날씨가 아주 춥지만 해가 선명하게 비치는(런던의 겨울과는 사뭇 다른) 맑은 겨울이었어요. 계절과 경험이 바뀌니 컬러팔렛트도 달라지더라구요.

어느곳에서 어떤 영감을 받는지에따라 컬러팔렛트는 계속해서 변하겠지만, 개인적으로 콘트라스트를 좋아하고, 좋아하는 색상의 배합이 있는건 사실이예요.

Q: 인테리어 오브제들의 종류는 다양합니다. 그중에서도 액자(표현이 맞을까요?)같은 느낌의 작업물로 시작하시게 된 비하인드 스토리가 있을까요?

오브제를 만들기 위해 시작된 브랜드가 아니고, 그냥 제가 좋아하는 것을 그림으로 담고싶어서 시작하게 작업한게 아키드리머의 시작이기 때문입니다. 점점 작업을 하면 할수록 다양한 오브제 디자인이 나오고 있는데, 그래도 가장 선명하게 저의 생각을 담을 수 있는건 그림이더라구요. 앞으로도 꾸준하게 그림으로 표현하려 합니다.

Q: 한국에서도 Archidreamer의 인지도가 높아지고 있다고 생각합니다. 앞으로 국내외 활동 계획이 알고 싶습니다.

첫 아키드리머의 한국 론칭 후, 상당히 신중하게 아키드리머 판매처를 고민했습니다. 아키드리머 작품을 매스프로덕트가 아닌 소중한 작품으로 판매해 주실 곳을 찾아왔고요. 대량생산과 판매보다는 가치있는 구매가 이루어질 수 있는 방향을 모색해왔어요.현재 유럽에서 아키드리머의 활동처럼, 국내에서도 다양한 브랜드, 디자이너들과의 협업을 해보고 싶고요. 더욱 다양한 제품과 분야에서 아키드리머의 디자인을 보여드릴수 있도록 하는게 아키드리머의 목표입니다.

© Archidreamer

Eun Ji Jang(JANE)
pinkjane0110@gmail.com

PhD. Interior & VMD -
Hansung University

MA Interior &Spatial Design-
University of the Arts London,Chelsea College of Art & Design
Interior &Spatial Design

BA Interior &Spatial Design-
University of the Arts London,Chelsea College of Art & Design
Interior &Spatial Design

알고보면 쓸모있는 공간 스토리

1판 1쇄 2023년 10월 31일

저자 장은지
발행인 이경화

발행처 디자인21
주소 04560 서울특별시 중구 퇴계로 293-1(쌍림동 원진프라자 3층)
전화 02-2269-6561(대)
팩스 02-2269-6568
e-mail 21publish@naver.com

등록번호 제1-1128호
등록일자 1991.2.12
ISBN 978-89-6131-125-0

정가 25,000원

© 장은지, 2023

* 본 도서의 내용을 무단으로 복제시 저작권법에 의해 처벌을 받을 수 있습니다.
* 잘못 만들어진 책은 교환하여 드립니다.

http://21publish.co.kr/
https://blog.naver.com/publish21